大数据应用与技术丛书

Hadoop 大数据
解决方案

Benoy Antony
Konstantin Boudnik
[美] Cheryl Adams 著
Branky Shao
Cazen Lee
Kai Sasaki

殷聪贤　杨朋朋　译

U0207652

清华大学出版社

北　京

Benoy Antony, Konstantin Boudnik, Cheryl Adams, Branky Shao, Cazen Lee, Kai Sasaki
Professional Hadoop
EISBN：978-1-119-26717-1
Copyright © 2016 by John Wiley & Sons, Inc., Indianapolis, Indiana
All Rights Reserved. This translation published under license.
Trademarks: Wiley, the Wiley logo, Wrox, the Wrox logo, Programmer to Programmer, and related trade dress are trademarks or registered trademarks of John Wiley & Sons, Inc. and/or its affiliates, in the United States and other countries, and may not be used without written permission. Java is a registered trademark of Oracle America, Inc. All other trademarks are the property of their respective owners. John Wiley & Sons, Inc., is not associated with any product or vendor mentioned in this book.

北京市版权局著作权合同登记号 图字：01-2016-6945

图书在版编目(CIP)数据

Hadoop 大数据解决方案 / (美) 贝诺·安东尼(Benoy Anthony) 等著；殷聪贤，杨朋朋 译. —北京：清华大学出版社，2017（2020.3重印）
（大数据应用与技术丛书）
书名原文：Professional Hadoop
ISBN 978-7-302-46645-1

Ⅰ. ①H… Ⅱ. ①贝… ②殷… ③杨… Ⅲ. ①数据处理软件 Ⅳ. ①TP274

中国版本图书馆 CIP 数据核字(2017)第 032043 号

责任编辑：王　军　于　平
装帧设计：牛静敏
责任校对：牛艳敏
责任印制：杨　艳

出版发行：清华大学出版社
　　　　　网　　址：http://www.tup.com.cn，http://www.wqbook.com
　　　　　地　　址：北京清华大学学研大厦 A 座　　邮　　编：100084
　　　　　社 总 机：010-62770175　　　　　　　　邮　　购：010-62786544
　　　　　投稿与读者服务：010-62776969，c-service@tup.tsinghua.edu.cn
　　　　　质 量 反 馈：010-62772015，zhiliang@tup.tsinghua.edu.cn
印 装 者：北京九州迅驰传媒文化有限公司
经　　销：全国新华书店
开　　本：148mm×210mm　　　印　　张：9　　　字　　数：242 千字
版　　次：2017 年 2 月第 1 版　　　印　　次：2020 年 3 月第 2 次印刷
定　　价：59.80 元

产品编号：070786-02

译 者 序

随着互联网和信息技术的迅猛发展，应用系统的规模迅速扩大，所产生的数据呈爆炸性增长。不断积累的大数据包含很多在数据量小时不具备的深度价值，大数据挖掘和分析能为企业提供有力的决策支持，实现各种高附加值的增值服务，进一步提升经济效益和社会效益。但是，动辄达到数百太字节(TB)甚至拍字节(PB)规模的数据量已远远超出了传统的计算技术和信息系统的处理能力，因此，寻求有效的大数据处理技术、方法和手段已经成为现实世界的迫切需求。

Hadoop 是 Apache 软件基金会下的一个顶级项目，它利用大量廉价的计算机，提供了可靠性高、可扩展性强的分布式平台。它改变了大数据的存储、处理和分析的过程，强有力地驱动了大数据行业的发展，并形成了自己丰富多样的生态圈。从 2006 年初创建到现在，Hadoop 已经成为大数据革命的中心，互联网行业都将其作为大数据计算的标准配置，开发出了多种多样的应用形式。译者在学习工作中也在使用 Hadoop 生态系统的相关组件，感受到 Hadoop 分布式平台的独特魅力。我们在翻译本书过程中也查阅了不少相关资料，一个强烈的感受就是中文资料相对贫乏和陈旧。因此，译者希望能通过自己的翻译工作与大家共享 Hadoop 的最新知识。

本书对 Hadoop 的架构、原理和生态系统组成进行了翔实的介绍，结构清晰，内容表述循序渐进，必要时辅以图表解释说明，对于想要详细了解和应用 Hadoop 的读者来说是个不错的选择。能够从事本书的翻译工作，译者非常荣幸，同时也感到责任重大。本书的作者都是大数据和 Hadoop 领域的专家，有多年的相关领域从业经验。译者力求以最专业的文字转述作者们的高作，遇到语意不明或者表达习惯不同的句子时，字斟句酌，反复推敲，整个翻译过程虽然辛苦但也收获颇多。

本书由殷聪贤(第 5、6、7 章)、杨朋朋(第 3、4、8 章)、王凯悦(第 2 章)和刘昊(第 1 章及附录)联合翻译，由靳晓辉负责合稿校对。此外，参与本书翻译的还有李栋、李金阳、王婷、徐从予等，在此一并对他们表示感谢。感谢清华大学出版社的编辑给予我们的支持与信任，将该书的翻译工作交给我们，并认真阅读译稿，提出诸多宝贵的修改意见。本书的翻译和校对工作均是译者们利用业余时间完成的，因此牺牲了不少本应该陪伴家人的时间，在此感谢他们的理解和支持。

由于译者水平有限，加之时间仓促，译文中可能会存在语意偏颇或者理解不够的内容。如果读者在阅读过程中发现谬误和遗漏之处，烦请不吝批评指正。

译者

作 者 简 介

Benoy Antony 是一位 Apache Hadoop 代码提交者，贡献了与安全以及 HDFS 相关的一些特性。他是 DataApps(http://dataApps.io)公司的创始人，这是一家专门创建大数据应用的公司。他维护一份关于 Hadoop 安全的 wiki，网址为 http://HadoopSecurity.org。Benoy 是 eBay 的 Hadoop 架构师，在 eBay，他致力于在不影响用户生产效率的前提下提高 eBay Hadoop 群集的安全性和可用性。他经常在类似 Hadoop Summit 这样的会议上进行演讲。

Konstantin Boudnik 博士是 Memcore.io 的联合创始人、CEO，他是 Hadoop 最早的开发者之一，而且是 Apache Bigtop(创建用于数据处理项目软件栈的开源框架及社区)的联合作者。Konstantin 博士在软件开发、大量快速数据分析、Git 以及分布式系统等领域有着超过 20 年的经验，而且在分布式计算领域拥有 15 项美国专利。Boudnik 博士为分布式计算和数据处理领域的多个开源项目做出过贡献。他已经帮助并推动了该领域中多个成功的 Apache 项目。

Cheryl Adams 是一位资深云数据和基础设施架构师。她的工作包括为大型政府合同提供卫生保健数据，通过脚本部署基于生产的更新、监控并排除故障以及使用最新的工具监控数据库、Web 服务器、Web API 和存储等环境。

Branky Shao 是 eBay 的软件工程师，正在使用 Elasticsearch、Cassandra、Kafka 和 Storm 构建实时应用。他自 2010 年起就从事与 Hadoop 生态系统相关的技术工作。他在设计和实现各种软件方面具有丰富经验，包括分布式系统、数据整合、框架/API 和 Web 应用。他对开源软件有强烈的兴趣，同时也是 Cascading 项目的贡献者。

Cazen Lee 是 Samsung SDS 的一位软件架构师。目前，他负责 Samsung 大数据平台的 Hadoop 模型。在加盟 Samsung 之前，Cazen 是金融行业中综合数据仓库层的开发者和架构师，与 Samsung 人寿保险和韩国证券金融公司配合工作。他对机器学习和神经网络模型也很感兴趣。

Kai Sasaki 是一位来自日本的软件工程师，对分布式计算和机器学习非常感兴趣。目前，他就职于 Treasure Data Inc.，这是一家由日本创业者在硅谷建立的公司。尽管他的事业开端并不是 Hadoop 或者 Spark，但对于中间件、支持多种大数据服务的基础技术以及互联网的兴趣驱使他进入这一领域。他已经成为一位 Spark 贡献者，主要开发 MLlib 和 ML 库。现在，他正在尝试研究深度学习与大数据相结合所蕴含的巨大潜力。他相信 Spark 可在大数据时代的人工智能领域发挥重要作用。

技术编辑简介

    Snehal Nagmote 是 Walmart Labs 搜索基础设施团队的一位软件工程师。他的职责包括使用大数据软件栈以及 Hadoop、Hive、Kafka、Flume 和 Spark 等工具构建数据平台应用。目前，他正在致力于使用 Spark 和 Kafka 构建一个准实时的索引数据流水线。

    Renan Pinzon 是 NeoGrid 的一位软件架构师，在工作中使用 Hadoop 已逾三年。他对于重要软件和数据处理/分析有着丰富经验。他最初使用 Hadoop 进行实时处理(HBase+HDFS)，然后开始将其与 RHadoop、Pig 和 Crunch 结合做数据分析，而现在正在转向 Spark。他还一直从事搜索引擎研究，将 Apache Solr 用于实时索引和搜索，并在 Hadoop 之外使用 Elasticsearch。他不仅在软件开发方面具有诸多专业经验，而且在基础设施方面也有着强大背景，尤其是对于 Hadoop 来说，他一直在从事应用程序调优工作。

    Michael Cutler 拥有关于 Hadoop 生态系统的真知灼见；他于 2008 年为 BSkyB 构建了 Hadoop 群集，这是英国最早期 Hadoop 群集之一；此后他放弃 CXO 高管职位，利用创新基金探索人们现在称为 "大数据" 的工具和技术。他拥有从海量数据中训练预测模型的实战经验，涉及的应用案例跨越多个商业领域：自动欺诈检测、故障预测和分类、推荐、点击流分析、大规模业务仿真和建模。Michael 是纽约 Hadoop World 会议在机器学习领域的特邀演讲者。他与开源生态系统有着非常密切的联系，并且时常受邀在伦敦数据科学和大数据会议上发表演讲。

致　　谢

致花费时间推动 Apache Bigtop 项目前进，帮助它成为 100%开源 Apache 数据处理栈的真正集成器的所有志愿者们，你们为 Hadoop 项目做出巨大贡献，衷心地感谢你们！

同样由衷地感谢那些花费时间推进 Apache Ignite 项目并帮助它成为内存计算领域核心开源项目的志愿者们。

并特别感谢 Gridgain 将他们的产品级软件捐献给 Apache 软件基金会。把这个项目转换成 Apache TLP 既是挑战也是荣誉。

前　　言

Hadoop 是一个在 Apache 2.0 许可证下可用的开源项目。它能在分布式服务器群集中管理和存储超大规模的数据集。Hadoop 最具优势的特性之一是其容错性，这使得大数据应用在遇到失败事件时能够继续正常运行。使用 Hadoop 的另一个优势是可扩展性。这种编程逻辑拥有从单机向大量服务器扩展的潜质，而每台服务器均具备本地计算和存储能力。

本书读者对象

本书面向使用 Hadoop 来执行数据相关作业的任何人，也适合希望更好地从任意数据存储中获取有意义信息的读者。这包括大数据解决方案架构师、Linux 系统和大数据工程师、大数据平台工程师、Java 程序员和数据库管理员。

如果你有兴趣学习关于 Hadoop 的更多知识并且想了解如何抽取特定组件做进一步分析或研究，那么这本书正好适合你。

阅读本书的前提

你应该拥有开发经验并且了解 Hadoop 的基础知识，而且要对在实际环境中应用它感兴趣。

示例的源代码可以从 www.wrox.com/go/professionalhadoop 或者 https://github.com/backstopmedia/hadoopbook 下载。

本书的结构

本书共分为 8 章，内容如下：

第 1 章：Hadoop 概述

第 2 章：存储

第 3 章：计算

第 4 章：用户体验

第 5 章：与其他系统集成

第 6 章：Hadoop 安全

第 7 章：自由的生态圈：Hadoop 与 Apache BigTop

第 8 章：Hadoop 软件栈的 In-Memory 计算

约定

为帮助你尽可能地理解文章含义并抓住重点，我们在本书中使用了大量约定。

文中所使用的样式如下：

- 当介绍新术语和重要词语时，我们会突出展现它们。

- 我们像这样展示正文中的代码：`persistence.properties`。

- 我们以此种样式来展示本书中的所有代码片段：

```
FileSystem fs = FileSystem.get(URI.create(uri), conf);
InputStream in = null;
try {
```

- 我们以这样的字体展示 URL：

```
http://<Slave Hostname>:50075
```

p2p.wrox.com

要与作者和同行讨论，请加入 http://p2p.wrox.com 上的 P2P 论坛。这个论坛是一个基于 Web 的系统，便于你张贴与 Wrox 图书相关的消息和相关技术，与其他读者和技术用户交流心得。该论坛提供了订阅功能，当论坛上有新的消息时，它可以给你传送感兴趣的论题。Wrox 作者、编辑和其他业界专家和读者都会到这个论坛上探讨问题。

在 http://p2p.wrox.com 上，有许多不同的论坛，它们不仅有助于阅读本书，还有助于开发自己的应用程序。要加入论坛，可以遵循下面的步骤：

(1) 进入 http://p2p.wrox.com，单击 Register 链接。

(2) 阅读使用协议，并单击 Agree 按钮。

(3) 填写加入该论坛所需要的信息和自己希望提供的其他信息，单击 Submit 按钮。

(4) 你会收到一封电子邮件，其中的信息描述了如何验证账户，完成加入过程。

 注意：不加入 P2P 也可以阅读论坛上的消息，但要张贴自己的消息，就必须加入该论坛。

加入论坛后，就可以张贴新消息，响应其他用户张贴的消息。可以随时在 Web 上阅读消息。如果要让该网站给自己发送特定论坛中的消息，可以单击论坛列表中该论坛名旁边的 Subscribe to this Forum 图标。

关于使用 Wrox P2P 的更多信息，可阅读 P2P FAQ，了解论坛软件的工作情况以及 P2P 和 Wrox 图书的许多常见问题。要阅读

FAQ，可以在任意 P2P 页面上单击 FAQ 链接。

源代码

读者在学习本书中的示例时，可以手动输入所有的代码，也可以使用本书附带的源代码文件。本书使用的所有源代码都可以从站点 http://www.wrox.com 下载。具体而言，本书的代码可以通过网站 http://www.wrox.com/go/professionalhadoop 上的 Download Code 选项卡下载。

还可以在站点 http://www.wrox.com 上通过输入 ISBN(本书的 ISBN 为 9781119267171)来获取本书的代码。也可以扫描封底的二维码获取本书的源代码。当前所有 Wrox 图书的代码下载的完整列表都可以通过 www.wrox.com/dynamic/books/download.aspx 站点来获取。

> 注意：由于许多图书的标题都很类似，因此按 ISBN 搜索是最简单的，本书英文版的 ISBN 是 978-1-119-26717-1。

下载代码后，只需要用自己喜欢的解压缩软件对它进行解压缩即可。另外，也可以进入 http://www.wrox.com/dynamic/books/download.aspx 上的 Wrox 代码下载主页，查看本书和其他 Wrox 图书的所有代码。

勘误表

尽管我们已经尽了各种努力来保证文章或代码中不出现错误，但是错误总是难免的，如果你在本书中找到了错误，例如拼写错误或代码错误，请告诉我们，我们将非常感激。通过勘误表，可以让其他读者避免受挫，当然，这还有助于提供更高质量的信息。

请给 wkservice@vip.163.com 发电子邮件，我们就会检查你的信息，如果是正确的，我们将在本书的后续版本中采用。

要在网站上找到本书的勘误表，可以登录 www.wrox.com/go/professionalhadoop，并单击 Errata 链接。在该页面上可以查看到 Wrox 编辑已提交和粘贴的所有勘误项。

如果在 Book Errata 页面上没有看到你找出的错误，请进入 www.worx.com/contact/techsupport.shtml，并填写表单，发电子邮件，我们就会检查你的信息，如果是正确的，就在本书的勘误表中粘贴一个消息，我们将在本书的后续版本中采用。

目　　录

第 1 章

Hadoop 概述

本章内容提要

- Hadoop 的组件
- HDFS、MapReduce、YARN、ZooKeeper 和 Hive 的角色
- Hadoop 与其他系统的集成
- 数据集成与 Hadoop

Hadoop 是一种用于管理大数据的基本工具。这种工具满足了企业在大型数据库(在 Hadoop 中亦称为数据湖)管理方面日益增长的需求。当涉及数据时，企业中最大的需求便是可扩展能力。科技和商业促使各种组织收集越来越多的数据，而这也增加了高效管理这些数据的需求。本章探讨 Hadoop Stack，以及所有可与 Hadoop 一起使用的相关组件。

在构建 Hadoop Stack 的过程中，每个组件都在平台中扮演着重要角色。软件栈始于 Hadoop Common 中所包含的基础组件。Hadoop

Common 是常见工具和库的集合，用于支持其他 Hadoop 模块。和其他软件栈一样，这些支持文件是一款成功实现的必要条件。而众所周知的文件系统，Hadoop 分布式文件系统，或者说 HDFS，则是 Hadoop 的核心，然而它并不会威胁到你的预算。如果要分析一组数据，你可以使用 MapReduce 中包含的编程逻辑，它提供了在 Hadoop 群集上横跨多台服务器的可扩展性。为实现资源管理，可考虑将 Hadoop YARN 加入到软件栈中，它是面向大数据应用程序的分布式操作系统。

　　ZooKeeper 是另一个 Hadoop Stack 组件，它能通过共享层次名称空间的数据寄存器(称为 znode)，使得分布式进程相互协调工作。每个 znode 都由一个路径来标识，路径元素由斜杠(/)分隔。

　　还有其他一些系统能与 Hadoop 进行集成并从其基础架构中受益。虽然 Hadoop 并不被认为是一种关系型数据库管理系统 (RDBMS)，但其仍能与 Oracle、MySQL 和 SQL Server 等系统一起工作。这些系统都已经开发了用于对接 Hadoop 框架的连接组件。我们将在本章介绍这些组件中的一部分，并且展示它们如何与 Hadoop 进行交互。

1.1　商业分析与大数据

　　商业分析通过统计和业务分析对数据进行研究。Hadoop 允许你在其数据存储中进行业务分析。这些结果使得组织和公司能够做出有利于自身的更好商业决策。

　　为加深理解，让我们勾勒一下大数据的概况。鉴于所涉及数据的规模，它们会分布于大量存储和计算节点上，而这得益于使用 Hadoop。由于 Hadoop 是分布式的(而非集中式的)，因而不具备关系型数据库管理系统(RDBMS)的特点。这使得你能够使用 Hadoop 所提供的大型数据存储和多种数据类型。

例如，让我们考虑类似 Google、Bing 或者 Twitter 这样的大型数据存储。所有这些数据存储都会随着诸如查询和庞大用户基数等活动事件而呈现出指数增长。Hadoop 的组件可以帮助你处理这些大型数据存储。

类似 Google 这样的商业公司可使用 Hadoop 来操作、管理其数据存储并从中产生出有意义的结果。通常用于商业分析的传统工具并不旨在处理或分析超大规模数据集，但 Hadoop 是一个适用于这些商业模型的解决方案。

1.1.1　Hadoop 的组件

Hadoop Common 是 Hadoop 的基础，因为它包含主要服务和基本进程，例如对底层操作系统及其文件系统的抽象。Hadoop Common 还包含必要的 Java 归档(Java Archive，JAR)文件和用于启动 Hadoop 的脚本。Hadoop Common 包甚至提供了源代码和文档，以及贡献者的相关内容。如果没有 Hadoop Common，你无法运行 Hadoop。

与任何软件栈一样，Apache 对于配置 Hadoop Common 有一定要求。大体了解 Linux 或 Unix 管理员所需的技能将有助于你完成配置。Hadoop Common 也称为 Hadoop Stack，并不是为初学者设计的，因此实现的速度取决于你的经验。事实上，Apache 在其网站上明确指出，如果你还在努力学习如何管理 Linux 环境的话，那么 Hadoop 并不是你能够应付的任务。建议在尝试安装 Hadoop 之前，你需要先熟悉此类环境。

1.1.2　Hadoop 分布式文件系统(HDFS)

在 Hadoop Common 安装完成后，是时候该研究 Hadoop Stack 的其余组件了。HDFS(Hadoop Distributed File System)提供一个分布式文件系统，设计目标是能够运行在基础硬件组件之上。大多数企业被其最小化的系统配置要求所吸引。此环境可以在虚拟机(Virtual

Machine，VM)或笔记本电脑上完成初始配置，而且可以升级到服务器部署。它具有高度的容错性，并且被设计为能够部署在低成本的硬件之上。它提供对应用程序数据的高吞吐量访问，适合于面向大型数据集的应用程序。

在任何环境中，硬件故障都是不可避免的。有了 HDFS，你的数据可以跨越数千台服务器，而每台服务器上均包含一部分基础数据。这就是容错功能发挥作用的地方。现实情况是，这么多服务器总会遇到一台或者多台无法正常工作的风险。HDFS 具备检测故障和快速执行自动恢复的功能。

HDFS 的设计针对批处理做了优化，它提供高吞吐量的数据访问，而非低延迟的数据访问。运行在 HDFS 上的应用程序有着大型数据集。在 HDFS 中一个典型的文件大小可以达到数百 GB 或更大，所以 HDFS 显然支持大文件。它提供高效集成数据带宽，并且单个群集可以扩展至数百节点。

Hadoop 是一个单一功能的分布式系统，为了并行读取数据集并提供更高的吞吐量，它与群集中的机器进行直接交互。可将 Hadoop 想象为一个动力车间，它让单个 CPU 运行在群集中大量低成本的机器上。既然已经介绍了用于读取数据的工具，下一步便是用 MapReduce 来处理它。

1.1.3　MapReduce 是什么

MapReduce 是 Hadoop 的一个编程组件，用于处理和读取大型数据集。MapReduce 算法赋予了 Hadoop 并行化处理数据的能力。简而言之，MapReduce 用于将大量数据浓缩为有意义的统计分析结果。MapReduce 可以执行批处理作业，即能在处理过程中多次读取大量数据来产生所需的结果。

对于拥有大型数据存储或者数据湖的企业和组织来说，这是一种重要的组件，它将数据限定到可控的大小范围内，以便用于分析或查询。

如图 1-1 所示，MapReduce 的工作流程就像一个有着大量齿轮的古老时钟。在移动到下一个之前，每一个齿轮执行一项特定任务。它展现了数据被切分为更小尺寸以供处理的过渡状态。

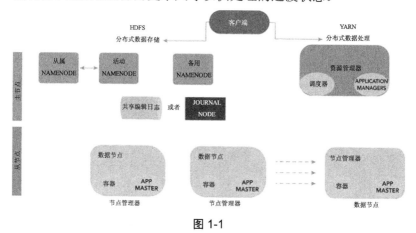

图 1-1

MapReduce 的功能使得它成为最常用的批处理工具之一。该处理器的灵活性使其能利用自身的影响力来挑战现有系统。通过将数据处理的工作负载分为多个并行执行的任务，MapReduce 允许其用户处理存储于 HDFS 上不限数量的任意类型的数据。因此，MapReduce 让 Hadoop 成为了一款强大工具。

在 Hadoop 最近的发展中，另有一款称为 YARN 的组件已经可用于进一步管理 Hadoop 生态系统。

1.1.4　YARN 是什么

YARN 基础设施(另一个资源协调器)是一项用于提供执行应用程序所需的计算资源(内存、CPU 等)的框架。

YARN 有什么诱人的特点或是性质？其中两个重要的部分是资源管理器和节点管理器。让我们来勾勒 YARN 的框架。首先考虑一个两层的群集，其中资源管理器在顶层(每个群集中只有一个)。资源管理器是主节点。它了解从节点所在的位置(较底层)以及它们拥有多少资源。它运行了多种服务,其中最重要的是用于决定如何分配资源的资源调度器。节点管理器(每个群集中有多个)是此基础设施的从节点。当开始运行时,它向资源管理器声明自己。此类节点有能力向群集提供资源,它的资源容量即内存和其他资源的数量。在运行时,资源调度器将决定如何使用该容量。Hadoop 2 中的 YARN 框架允许工作负载在各种处理框架之间动态共享群集资源,这些框架包括 MapReduce、Impala 和 Spark。YARN 目前用于处理内存和 CPU,并将在未来用于协调其他资源,例如磁盘和网络 I/O。

1.2 ZooKeeper 是什么

ZooKeeper 是另一项 Hadoop 服务——分布式系统环境下的信息保管员。ZooKeeper 的集中管理解决方案用于维护分布式系统的配置。由于 ZooKeeper 用于维护信息,因此任何新节点一旦加入系统,将从 ZooKeeper 中获取最新的集中式配置。这也使得你只需要通过 ZooKeeper 的一个客户端改变集中式配置,便能改变分布式系统的状态。

名称服务是将某个名称映射为与该名称相关信息的服务。它类似于活动目录,作为一项名称服务,活动目录的作用是将某人的用户 ID(用户名)映射为环境中的特定访问或权限。同样,DNS 服务作为名称服务,将域名映射为 IP 地址。通过在分布式系统中使用 ZooKeeper,你能记录哪些服务器或服务正处于运行状态,并且能够通过名称查看它们的状态。

如果有节点出现问题导致宕机,ZooKeeper 会采用一种通过选举 leader 来完成自动故障切换的策略,这是它自身已经支持的解决方案(见图 1-2)。选举 leader 是一项服务,可安装在多台机器上作为冗余备用,但在任何时刻只有一台处于活跃状态。如果这个活跃的服务因为某些原因发生了故障,另一个服务则会起来继续它的工作。

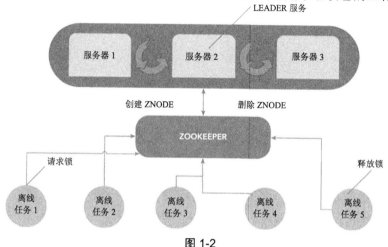

图 1-2

ZooKeeper 允许你处理更多的数据, 并且更加可靠省时。ZooKeeper 能够帮助你建立更可靠的系统。托管的数据库群集能从集中式管理的服务中受益,这些服务包括名称服务、组服务、leader 选举、配置管理以及其他。所有这些协调服务都可以通过 ZooKeeper 进行管理。

1.3　Hive 是什么

Hive 在设计之初是 Hadoop 的一部分, 但现在它是一个独立的组件。之所以在这里简单提及, 是因为有些用户发现在标准的 Hadoop Stack 之外, 它还是很有用处。

我们可以这样简单总结 Hive:它是建立在 Hadoop 顶层之上的数据仓库基础设施,用于提供对数据的汇总、查询以及分析。如果你在使用 Hadoop 工作时期望数据库的体验并且怀念关系型环境中的结构(见图 1-3),那么它或许是你的解决方案。记住,这不是与传统的数据库或数据结构进行对比。它也不能取代现有的 RDBMS 环境。Hive 提供了一种为数据赋予结构的渠道，并且通过一种名为 HiveQL 的类 SQL 语言进行数据查询。

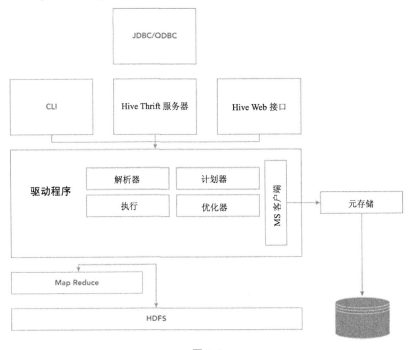

图 1-3

1.4   与其他系统集成

如果在科技领域工作，你一定清楚地知道集成是任何成功实现中必不可少的部分。一般来说，通过一些发现流程或计划会议，组织可以更高效地确定管理大数据的需求。后续步骤包括做出关于如何将 Hadoop 落实到现有环境的决定。

正在实现或考虑 Hadoop 的组织有可能将其引入到现有环境中。为获取最大的利益，了解如何能让 Hadoop 和现有环境一起工作以及该如何利用现有环境是非常重要的。

为说明这一点，考虑一种著名的积木玩具，它允许你通过相互连接创建新的玩具积木。仅通过将积木块简单连接在一起，你便可以创造出无限可能。关键原因在于每块积木上的连接点。类似于积木玩具，厂商开发了连接器以允许其他企业的系统连接到 Hadoop。通过使用连接器，你能够引入 Hadoop 来利用现有环境。

让我们介绍一些已经开发完成、用于将 Hadoop 与其他系统集成的组件。你应该思考在自己的环境中使用这些连接器所能够带来的优势。显然当集成时，你必须根据现有的系统环境，成为自己的 SME(Subject Matter Expert，领域专家)。

这些 Hadoop 的连接器将有可能适用于环境中系统的最新版本。如果想与 Hadoop 一起使用的系统不是应用程序或数据库引擎的最新版本，那么你需要将升级的因素考虑在内，以便使用增强版完整功能。我们建议全面检查你的系统需求，以避免沮丧和失望。Hadoop 生态系统会将所有新技术带入到你的系统中。

1.4.1　Hadoop 生态系统

Apache 将他们的集成称作生态系统。字典中将生态系统定义为：生物与它们所处环境的非生物组成部分(如空气、水、土壤和矿产)作为一个系统进行交互的共同体。基于技术的生态系统也有类似的属性。它是产品平台的结合，由平台拥有者所开发的核心组件所定义，辅之以自动化(机器脱离人类自主运转)企业在其周边(围绕着一个空间)所开发的应用程序。

以 Apache 的多种可用产品和大量供应商提供的将 Hadoop 与企业工具相集成的解决方案为基础，Hadoop 的开放源码和企业生态系统还在不断成长。HDFS 是该生态系统的主要组成部分。由于 Hadoop 有着低廉的商业成本，因此很容易去探索 Hadoop 的特性，无论是通过虚拟机，还是在现有环境建立混合生态系统。使用 Hadoop 解决方案来审查当前的数据方法以及日渐增长的供应商阵营是一种非常好的方法。借助这些服务和工具，Hadoop 生态系统将继续发展，并清除分析处理和管理大数据湖中的一些障碍。通过使用本章中讨论的一些工具和服务，Hadoop 即可集成到数据生态系统的层次结构中。

Horton 数据平台(Horton Data Platform，HDP)是一个生态系统。HDP 能够帮助你通过使用虚拟机上的单节点群集来开始 Hadoop 之旅，如图 1-4 所示。由于 Hadoop 是一个商用(几乎没有额外成本)的解决方案，因此 HDP 使得你能够将其部署到云端或者自己的数据中心。

HDP 为你提供数据平台基础以供搭建自己的 Hadoop 基础设施，这包括一长串商业智能(BI)及其他相关供应商的列表。平台的设计目标是支持处理多种来源及格式的数据，并且允许设计自定义解决方案。资源列表过大，以至于无法在这里展示，强烈推荐直接从供应商处获取此信息。选择像 HDP 这样产品的美妙之处在于他们是 Hadoop 的主要贡献者之一。这便开启了在多种数据库资源上使用 Hadoop 的大门。

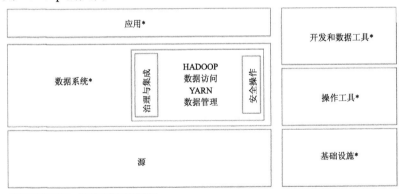

*请向供应商确认。资源可能会有所不同。

图 1-4

HDP 被视为一个生态系统，因为它创造了一个数据社区，将

Hadoop 和其他工具汇集在一起。

Cloudera(CDH)为其数据平台创建了一个类似的生态系统。Cloudera 为集成结构化和非结构化的数据创造了条件。通过使用平台交付的统一服务，Cloudera 开启了处理和分析多种不同数据类型的大门(见图 1-5)。

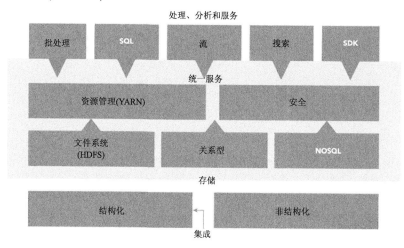

图 1-5

1.4.2　数据集成与 Hadoop

数据集成是 Hadoop 解决方案架构的关键步骤。许多供应商利用开源的集成工具在无须编写代码的情况下即可轻松地将 Apache Hadoop 连接到数百种数据系统。如果你的职业不是程序员或开发人员，那么这点对你来说无疑是使用 Hadoop 的加分项。大多数供应商使用各种开放源码解决方案用于数据集成，这些解决方案原生支持 Apache Hadoop，包括为 HDFS、HBase、Pig、Sqoop 和 Hive 提供连接器(见图 1-6)。

基于 Hadoop 的应用程序具有良好的平衡性，能够支持 Windows平台并与微软的 BI 工具(例如 Excel、Power View 和 PowerPivot)良好地集成，创造出轻松分析这些大规模商业信息的独特方式。

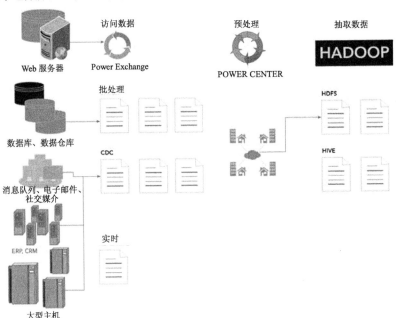

图 1-6

这并不意味着 Hadoop 或者其他数据平台的解决方案无法在非 Windows 环境下运行。你应该细心检查现有的或者计划使用的环境以决定最优解决方案。数据平台或者数据管理平台正如其名。它是一个集中式计算系统，用于收集、集成和管理大型结构化和非结构化数据集。

从理论上讲，无论 HortonWorks，还是 Cloudera，均是可供选择的平台，包括用于与现有数据环境和 Hadoop 一起工作的 RDBMS 连接器。大多数供应商均有关于系统需求的详细信息。一般来说，大量工具都会提到 Windows 操作系统或者基于 Windows 的组件，这是因为基于 Windows 的 BI 工具得到了广泛使用。微软的 SQL Server 是用于数据库服务的首要 Windows 工具。使用该商业工具的组织将不再受大数据的约束。微软有能力通过提供灵活性以及增强 Hadoop、Windows Server 和 Windows Azure 的连通性来更好地操作和集成 Hadoop。Informatica 软件，使用 Power Exchange 连接器协同 Hortonworks，优化了 Hadoop 上的整条大数据供应链，将数据转换为具有可操作性的信息来驱动商业价值。

例如，现代的数据架构正在越来越多地用于建造大型数据湖。通过将数据管理服务集成为更大的数据湖，企业可以利用各种各样的渠道来存储和处理大量数据，这些渠道包括社交媒体、点击流数据、服务器日志、客户交易与交互、视频以及来自现场设备的传感器数据。

Hortonworks 或者 Cloudera 数据平台，以及 Informatica，使得企业能够优化 ETL(抽取、转换、加载)工作流程，以便在 Hadoop 中长期存储和处理大规模数据。

Hadoop 与企业工具的集成使得组织能够将内部和外部的所有数据用于获得完整的分析能力，并以此推动现代数据驱动业务的成功。

另一个例子，Hadoop Applier 提供了 MySQL 和 Hadoop 分布式文件系统之间的实时连接，可以用于大数据分析——例如情绪分析、营销活动分析、客户流失建模、欺诈检测、风险建模以及其他多种分析。许多得到广泛使用的系统，例如 Apache Hive，也将 HDFS 用于数据存储(见图 1-7)。

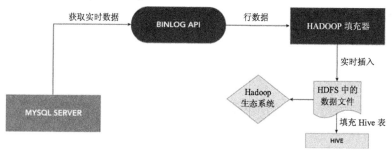

图 1-7

Oracle 公司为其旗舰数据库引擎和 Hadoop 开发了一款软件。这是一个实用工具的集合,协助集成 Oracle 的服务与 Hadoop Stack。大数据连接器套件是一个工具集,提供深入分析和发现信息的能力,并能快速集成基础设施中存储的所有数据。所有工具均是可扩展的,如果你已经是或者未来将会成为 Oracle 的客户,那么这将很好地适配于你的环境。Oracle 公司的套件中有很多工具,但我们在本章中只会讲述其中的一部分。

Oracle XQuery for Hadoop 运行一个处理流程,它基于 XQuery 语言中表达的转换,将其转化成一系列 MapReduce 作业,这些作业在 Apache Hadoop 群集上并行执行。输入数据可以位于文件系统上,通过 Hadoop 分布式文件系统(HDFS)访问,或者存储在 Oracle 的 NoSQL 数据库中。Oracle XQuery for Hadoop 能够将转换结果写入 Hadoop 文件、Oracle NoSQL 数据库或者 Oracle 数据库。

适用于 Hadoop 分布式文件系统(HDFS)的 Oracle SQL Connector 是一款高速的连接器,用于通过 Oracle 数据库(见图 1-8)加载或查询 Hadoop 中的数据。Oracle SQL Connector for HDFS 将数据放入数据库,数据移动是由 Oracle 数据库中的 SQL 进行数据选择所发起。用户可将数据加载到数据库,或者通过外部表使用 Oracle SQL 在 Hadoop 中就地查询数据。Oracle SQL Connector for HDFS 能够查询或者加载数据到文本文件或者基于文本文件的 Hive 表中。分区也可以在从 Hive 分区表中查询或加载时被删减。

另一种 Oracle 解决方案 Oracle Loader for Hadoop 是一种高性能且高效率的连接器,用于从 Hadoop 中加载数据到 Oracle 数据库。当 Hadoop 发起数据传送时,Oracle Loader for Hadoop 将数据推送到数据库中。如图 1-9 所示。Oracle Loader for Hadoop 利用 Hadoop 计算资源进行排序、分区并在加载之前将数据转换成适配于 Oracle 的数据类型。当加载数据时,在 Hadoop 上进行的数据预处理降低了数据库 CPU 的使用率。这样就减少了对数据库应用程序的影响,减轻了对资源的竞争，而这正是插入大量数据时的一个常见问题。它使得此连接器在连续且频繁地加载时尤其有用。

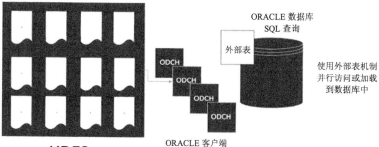

- 在 HDFS 上就地访问和分析数据
- 查询和连接 HDFS 数据库中的常驻数据
- 在需要时使用 SQL 加载到数据库中
- 自动负载均衡，从而最大限度地提高性能

图 1-8

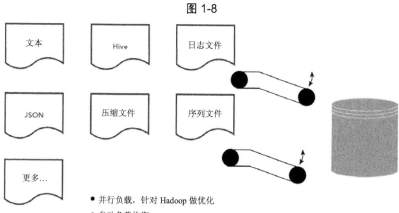

- 并行负载，针对 Hadoop 做优化
- 自动负载均衡
- 在 Hadoop 上转换成 Oracle 格式——节省数据库的 CPU
- 加载特定的 Hive 分区
- Kerberos 认证
- 直接加载到 In-Memory 表

图 1-9

Oracle R Connector for Hadoop 能够快速开发，并通过模拟并行的支持，在用户桌面对并行 R 代码使用 R 语言风格的调试功能(见图 1-10)。此连接器允许分析师将来自多种环境(客户桌面、HDFS、Hive、Oracle 数据库和内存中的 R 语言数据结构)的数据组合到单个分析任务执行的上下文中，从而简化数据的组装和准备。Oracle R Connector for Hadoop 也提供了一个通用的计算框架，用于并行执行 R 代码。

如本章所述，如果 Oracle 是贵组织所选用的工具，那么你便有一组工具套件可供选择。它们与 Hadoop 有合作关系，Oracle 网站上有说明文档，并且允许下载前面所提到的所有连接器。此外，还有配置它们以便与 Hadoop 生态系统协同工作的方法。

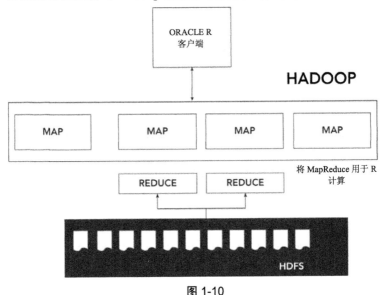

图 1-10

1.5 小结

通过使用 Hadoop Stack，你利用 Hadoop 在企业中实现最优方案，并且与混合编程和高级工具相结合。如今大多数群集都在你的本地，但服务提供商给予了更多选择，使得数据也可以存储在云端。目前，SQL、关系型和非关系型数据存储均可使用 Hadoop 的功能。

当涉及数据时，Hadoop 已经从长远角度考虑了自身的设计。它非常适用，因为数据会随着时间持续增长。它使用已存在的企业系统，而这些系统可扩展为 Hadoop 数据平台。公司和开源社区中的开发人员正在设计和定义基于 Hadoop 的大规模企业数据的最佳实践。企业以及 IT 社区都非常关注各种数据类型的可扩展性。使用 Hadoop，公司便不再局限于昂贵的企业级解决方案或者价格不菲的数据仓库设备。

Hadoop 并不是大多数组织现有富数据环境的替代品。在考虑使用 Hadoop 时，也要同样重视其他方面，例如 MapReduce 或 YARN，它们在做深度数据分析和高级分析方面取得了重大进步。Hadoop 提供对大数据的实时处理，它能对你的决策结果产生实时影响。不同的产业，从金融业到医疗业，通过使用 Hadoop Stack 或者任何与之相关的组件，均能得到直接收益。它推翻了以前认为只有依靠数据挖掘工具才能实现的界限，使你能够以一种截然不同的方式来查看数据。Hadoop 并不能替代组织查看数据的方式，却能显著提高其查看数据的效率。Hadoop 排除了各种局限性，并且正在各个新领域中继续发展。

理解 Hadoop 的存储系统将使你能够利用数据集成和业务分析来汇总大型数据湖并分析各种数据类型，而且不依赖于它们的当前来源。充分理解 Hadoop 平台能够使其用户实时处理大量可扩展的数据，并提供最优分析。Hadoop 存储流程的突出优点在于没有额外的存储或计算开销，而是存在收益，比如提高数据的准确性并且能够对其进行分析。第 2 章将详细讨论 Hadoop 存储的各个方面。

第 2 章

存　　储

本章内容提要

- 介绍 HDFS 的基本概念和体系架构
- 使用 HDFS CLI 进行操作
- 展示配置 HDFS 群集的方法和默认配置
- HDFS 的高级特性(包括未来版本)
- HDFS 的常用文件格式

　　Hadoop 不仅是一个数据分析平台,而且能够进行存储,因为在分析数据之前,你需要一个存储它们的地方。Hadoop 是一个分布式系统,而分布式系统的功能需求往往不同于 Web 应用程序或者客户端应用软件。目前流行的基于 Hadoop 实现的专用存储系统称为 HDFS(Hadoop 分布式文件系统)。顾名思义,HDFS 是一个文件系统。HDFS 上的数据可以是文件或者目录,就像你每天都在使用的普通文件系统一样。你可能很熟悉 HDFS 的用法和接口,但是为了实现高可用性和可扩展性，它建立在一个完全不同的体系架构之上。

本章将介绍 HDFS 的基本概念和使用方法。大多数情况下，Hadoop MapReduce 应用程序会访问 HDFS 上的数据。因此，改善 HDFS 群集通常会直接改善 MapReduce 的性能。此外，其他外部框架，例如 Apache HBase 和 Apache Spark，也可以基于它们的任务负载来访问 HDFS 上的数据。因此，HDFS 为 Hadoop 生态系统提供了基本功能，尽管 HDFS 是在 Hadoop 的最初时期开发出来的，但它仍然是一个至关重要的组件。本章介绍 HDFS 的重要性和高级特性。这种高级特性使得 HDFS 上的数据更可靠并能更高效地访问。这些特性之一是纠删码(Erasure Coding)，与采用普通复制的 HDFS 相比大大节省了存储容量。尽管这个功能尚未发布，但是正在积极开发中，对其进行测试也很重要。

2.1　Hadoop HDFS 的基础知识

实现 HDFS 的一个挑战是同时满足可用性和可扩展性。你可能有大量数据，它们无法存储在单独一块物理机械磁盘上，所以有必要将数据分配到多台机器之上。在为开发人员提供用户友好接口的同时，HDFS 可以自动且透明地做到这一点。HDFS 实现了以下两个要点：

- 高可扩展性
- 高可用性

由于磁盘毁坏或者断电，HDFS 群集中的设备随时都可能损坏。即使一些节点不再可用，HDFS 也能持续提供服务和所需的数据。HDFS 能有效地为应用程序提供所有的必要数据。这是必要的，因为有许多类型的应用程序运行在 Hadoop 进程之上，而且有大量数据存储在 HDFS 中。这可能需要充分利用网络带宽或磁盘 I/O 操作。当存储在 HDFS 中的数据量增长时，HDFS 也必须提供同样的性能。

HDFS 为分布式存储系统提供了这些必要条件，让我们来研究一下它的基本概念和体系结构。

2.1.1　概念

HDFS 是一个存储系统，其中保存了大量可以顺序访问的数据。HDFS 中的数据不适合随机访问模式。以下是 HDFS 的三个重要特点：

- 大文件：在 HDFS 上下文中，大(huge)意味着几百兆字节，甚至千兆字节或更多。HDFS 专门用于大数据文件。因此，大量小文件会影响 HDFS 的性能，因为它们的元数据会消耗主节点(称为 NameNode，下一节会给出解释)上的大量内存空间。

- 顺序访问：HDFS 上的读和写操作都应该按顺序处理。由于网络延迟，随机访问会影响 HDFS 的性能。但是数据一次写入并且多次读取对于 HDFS 来说是一种适合的用例场景。只要文件的读取是有序的，MapReduce 和其他执行引擎就可以高效地、任意次数地读取 HDFS 上的文件。HDFS 注重的是总访问的吞吐量，而不是低延迟。相比于实现低延迟，更重要的是实现高吞吐量，因为读取所有数据的总时间是以吞吐量来衡量的。

- 商用硬件：Hadoop HDFS 不需要为大数据处理或存储而生产的专用硬件，因为很多 IT 供应商已经提供这些了。如果 Hadoop 需要特定类型的硬件，那么使用 Hadoop 的成本将会增加，并且由于总是购买相同的硬件存在困难，可扩展性也将消失。

类似于标准文件系统，HDFS 使用块单元管理所存储的数据。每个块均受最大尺寸的限制，这个值由 HDFS 配置，它定义了如何将文件切分到多个块中。默认的块大小是 128 兆字节。当写到 HDFS 上时，每个文件都被切分为 128 兆字节的块(见图 2-1)。小于块大小的文件并不会占用整个块。一个 100 兆字节的文件仅会占用一个 HDFS 块上的 100 兆字节。块是 HDFS 的一个重要抽象。块会分布在多个节点上,因此你可以创建比单个节点的磁盘空间还要大的文件。因此,多亏了用于存储文件的块抽象,你可以创建任意大小的文件了。

除了这种抽象,HDFS 不同于典型文件系统的另一点是简化了整体结构。块组织方式的抽象也简化了磁盘管理。由于块有固定的尺寸,因此可以很容易地计算出单块物理磁盘上可容纳块的数量(使用磁盘容量除以块大小)。这意味着每个节点的整体容量也很容易计算(通过累加每块磁盘的块容量即可)。因此,整个群集的容量也很容易确定。为管理块和元数据,HDFS 被分成两个子系统。一个系统管理元数据,包括文件的名称、目录和其他元数据。另一个系统用于管理底层的块组织,因为块分布在多个节点上,它也用于管理块和相对应的节点列表。这两个系统可以根据块抽象来区分。

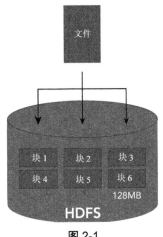

图 2-1

HDFS 具有强大功能和灵活性的关键在于高效地利用商用硬件。与依赖昂贵的专用硬件相反,你可以使用低成本的商用硬件来代替。尽管这些低成本硬件失效的可能性更大，但 HDFS 通过提供一个抽象层来应对潜在的失败。在一个所有数据都存储在单独一块磁盘上的普通系统中，磁盘失效会导致这些数据的丢失。在多个节点均使用相同商用硬件的分布式系统中，由于电力供应、CPU 或者网络故障，也有可能导致整个节点失效。

大多数系统都通过(通常在两个节点之间)复制整个数据结构来支持数据的高可用性(High Availability，HA)。这确保了如果其中一个节点或数据源失效了，另一个节点或者数据的副本仍然是可用的。HDFS 通过利用数据块的抽象在此基础上做了扩展。默认情况下，HDFS 会将数据复制两次(而非一次)，使得每个块共计有 3 个副本。为了进一步改进此特性，举例来说，HDFS 并不是把节点 A 上的所有块复制到节点 B，而是把这些块分布到多个节点之上(见图 2-2)。

例如，假设一个会在 HDFS 文件系统中占据 3 个块的大文件，而我们的 Hadoop 群集有 5 个节点。块 1 的副本可能物理存储于节点 A、B 和 C 上，块 2 在节点 B、C 和 D 上，而块 3 在节点 D、E 和 A 上。

块抽象使得这种数据分布成为可能，同时也确保了即使系统中的两个节点失效，数据仍然是可用的，因为数据块的其他副本分布于多个节点之上。使用仍在运行的其他节点上的副本还可以重建文件。例如，如果节点 B 和 C 失效了，我们仍然可以通过节点 A 和 D 来恢复这 3 个块。当然，这些副本必须分布于不同节点之上，如图 2-2 所示。

如果丢失了两个以上的副本，那么单独一台机器的失效就会引发数据的彻底丢失。Hadoop 通过把每个副本放置在不同机器上并且允许配置每个块的副本数量来控制这种情况。你可以通过配置 dfs.replication 来改变复制因子，但是当复制因子增加时，可用的磁盘容量就会减少(因为每个块都要存储 N 个副本)。应用程序访问数据时仅会使用多个块中的一个，因为其他块是仅在出现故障时才会用到的副本。数据的分布并不是用于提高性能的(见图 2-3)。

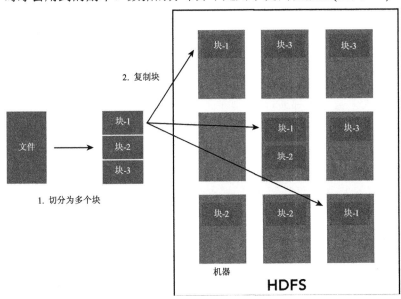

图 2-2

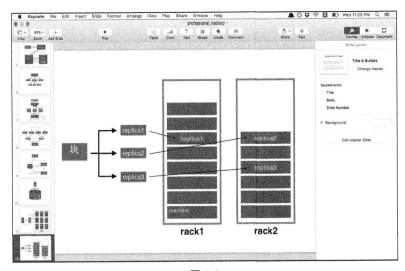

图 2-3

为进一步提高容错性，可以对 HDFS 进行配置，以便将数据的物理拓扑、存储方式以及机架(用于放置新型服务器硬件)上每台机器的位置考虑在内。数据中心的机器通常放在机架或者某些用于承载服务器的容器中。一个机架上可以放置很多台机器。这些机器通常距离很近，而且在网络上下文中也很近。相同机架上机器之间的连接比跨机架机器之间的连接更高效。通过向 HDFS 提供这种物理架构，分布式文件系统的性能和弹性都会得到改善。我们可让块分布在同一机架的多个节点上，但更好的方法是分布在多个机架上，这样即使整个机架上的服务器全部失效，以此种方式分布的块也可以保证不丢失数据。

这一过程还考虑到在同一机架上可以改善连通性。显然，把所有副本放在一个机架上是非常高效的，因为这样没有机架之间的网络带宽限制。例如，第一个副本(replica1)放在客户端运行的那个节点上。第二个副本(replica2)放置在不同机架的另外一台机器上。第三个副本(replica3)放置在与第二个副本相同机架的另一台机器上。

其结果是 HDFS 在最大化利用机架内部网络性能和支持跨机架容错性之间达成了很好的平衡。

2.1.2　架构

Hadoop HDFS 采用主从式架构。主服务器称为 NameNode，主要负责管理文件系统中的元数据，例如文件名、访问权限和创建时间。所有 HDFS 操作(例如读、写和创建)首先要提交给 NameNode。NameNode 并不会存储实际的数据。相反，名为 DataNode 的从服务器存储组成文件的各个块。默认情况下，一个 HDFS 群集中只有一个活跃的 NameNode。由于 NameNode 存储着块分配情况的唯一副本，因此它的缺失会导致数据丢失。

为提高容错性，HDFS 可以使用一种高可用性架构，它支持一个或多个包含元数据副本和块分配信息的备用 NameNode。在一个 HDFS

群集中，可以有任意数量的机器成为 DataNode，并且在多数 Hadoop 群集中大部分节点都是 DataNode，在较大的群集中通常会有成千上万台服务器。接下来会概述 NameNode 和 DataNode 之间的关系。

NameNode 有一个类：FSNamesystem，它维护了用于管理文件和块之间关系的信息。这个类维护的信息对于管理文件到块的映射是很有必要的。每个文件都以 INode 的形式体现，INode 是一个所有文件系统(包括 HDFS 在内)都使用的术语，用于表示关键文件系统结构。INode 位于树型结构体 FSDirectory 的下面。INode 可以表示文件、目录和文件系统上的其他实体。INode 和块之间具体的对应关系以代理的形式包含在 BlockManager 中的称为 BlockMap 的结构体中。正如架构概况(见图 2-4)中描述的那样，NameNode 管理着 INode 和块之间的关系。

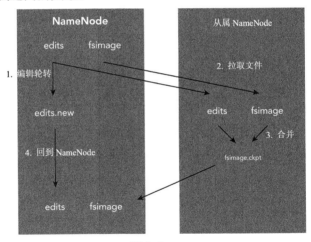

图 2-4

在 NameNode 正常运行时，所有元数据都在内存中管理。然而，为持久保存元数据，NameNode 必须将元数据写到物理磁盘上。如果没有这个操作，当 NameNode 崩溃时，元数据和块结构都将丢失。周期性的检查点用于将元数据和编辑日志(所有修改的记录)写入磁盘，而这通常由一个名为从属 NameNode 的新节点来负责。除了不能作为 NameNode 以外，从属 NameNode 几乎和普通的 NameNode 一样。从属 NameNode 唯一的任务就是定期将元数据的变化与当前磁盘上所存储信息的快照进行合并。

合并任务通常是繁重且耗时的。让 NameNode 自己来合并信息是效率低下的，因为它还需要为正在运行的群集处理元数据和文件信息请求。因此，从属 NameNode 利用周期性的检查点来为 NameNode 处理合并。如果 NameNode 出了故障，那么你需要手动运行检查点，但是这个过程往往要耗费很长时间。直到合并过程完成，HDFS 才将可用。因此，常规的检查点进程对于一个健康的 HDFS 群集来说是必不可少的。

这里需要注意的一点是，目前 HDFS 可以支持高可用性(HA)结构。在高可用性结构中，Hadoop 群集可以同时运行两个 NameNode。一个是活跃的 NameNode，而另一个是备用 NameNode。它们通过 QJM(Quorum Journal Manager)来共享内存块和日志文件。多亏了活跃 NameNode 和备用 NameNode 之间的共享元数据机制，当故障转移发生时，备用 NameNode 可以变成活跃 NameNode。NameNode 再也不是单点故障(Single Point of Failure，SPOF)了。另外，备用 NameNode 可以扮演从属 NameNode 的角色，执行必要的周期检查点进程。没有必要配置一个从属 NameNode 和一个备用 NameNode。推荐配置是使用高可用性的备用 NameNode，它可以自动提供从属 NameNode 的功能。

Journal Node 和活跃 NameNode 的同步过程如图 2-5 所示。在这个体系架构中，你需要避免所谓的"脑裂(split brain)"情形。当备用 NameNode 变为活跃节点，但群集中之前已经失效的 NameNode 在技术上仍然可用，此时就会发生脑裂。这是一个相当严重的问题，因为由活跃 NameNode 和备用 NameNode 发出的不一致更新操作会破坏 HDFS 名字系统中的元数据。

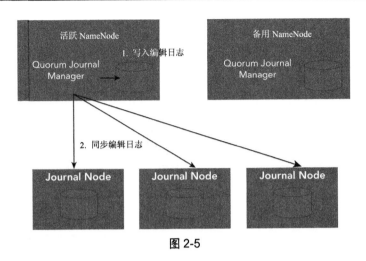

图 2-5

为避免这种情况，quorum manager 使用 epoch number。当备用节点试图变为活跃时，它会增加所有 JournalNode 的 epoch number。增加运算成功的数量需要超过一个固定值，该值通常为 JournalNode 数量的大多数。如果活跃 NameNode 和备用 NameNode 试图增加这个数值，那么增加操作都会成功。但是，可写(权威)NameNode 包含 NameNode 的 epoch number 和元数据。JournalNode 的接收器会接受这个操作和 epoch number；如果 epoch number 接收 NameNode，那么与 JournalNode 中 epoch number 相匹配的 NameNode 将可以执行合法操作。整个协商过程以及每次操作时 epoch number 的验证都由 Hadoop 自动完成，并不受开发者或管理员的控制。

配置 HA NameNode 的细节详见网址：http://hadoop. apache.org/docs/current/hadoop-project-dist/hadoop-hdfs/HDFSHighAvailabilityWithQJM.html。需要为活跃 NameNode 和备用 NameNode 准备两台机器，以及至少 3 台 JournalNode 机器。由于编辑日志修改必须写在大多数 JournalNode 上，因此推荐将 JournalNode 的数量设置为奇数(3、5、7 等)。当在 HDFS 群集上运行 N 个 JournalNode 时，为了保障运转正常，HDFS

系统能够容忍至多(N-1)/2 个故障。

2.1.3 接口

HDFS 为文件系统的用户提供了几种类型的接口。最基本的一种是包含在 Hadoop HDFS 中的命令行工具。命令行工具可以分为两类：文件系统 shell 接口和 HDFS 管理工具。

- 文件系统 shell：此工具提供多种类似 shell 的命令，可以与 HDFS 数据直接交互。你可以使用 shell 工具读写文件数据。此外，你也可以访问 HDFS 现已支持的其他存储系统(例如 HFTP、S3 和 FS)中所存储的数据。

- Java API：这是最基本的 API。文件系统 shell 和大多数其他接口内部都使用 Java API。此外，在 HDFS 上运行的大量应用程序也使用此 API。当编写访问 HDFS 数据的应用程序时，你会用到 Java API。

- WebHDFS：WebHDFS 通过 NameNode 提供 HTTP REST API。WebHDFS 支持所有的文件系统操作，包括 Kerberos 认证。可以通过设置 `dfs.webhdfs.enabled=true` 来启用 WebHDFS。

- libhdfs：Hadoop 提供一个称为 libhdfs 的 C 语言库，它是从 Java 文件系统接口移植过来的。虽然名字叫做 libhdfs，但是它可以访问任意类型的 Hadoop 文件系统，而不仅是 HDFS。libhdfs 通过 JNI(Java Native Interface)调用 Java 中实现的文件系统客户端。

　　注意：由于开发的延迟，Java 客户端中提供的一些 API 并没有在 libhdfs 中完全实现。由 Apache 项目发布的预构建二进制版是 32 位的。如果在其他平台上使用 libhdfs，你必须自己构建它。

让我们来查看命令行接口和 Java API 的基本用法。命令行接口由 bin/hdfs 脚本提供，但它已经被废弃了。当前命令行工具的用法为 bin/hadoop fs <args>。文件系统 shell 提供了类 POSIX 的接口，完整命令的列表在表 2-1、表 2-2 和表 2-3 中(`http://hadoop.apache.org/docs/current/hadoop-project-dist/hadoop-common/FileSystemShell.html`)。

表 2-1 读取操作

命令	使用方法	描述
cat	`hadoop fs -cat <URI>`	把源路径中的内容复制到标准输出
copyToLocal	`Hadoop fs -copyToLocal <Source URI> <Local URI>`	把文件复制到本地文件系统
cp	`hadoop fs -cp <Source URI> <Dest URI>`	把源路径中的文件复制到目标路径中，与 cp 命令相同
ls	`hadoop fs -ls <URI>`	返回文件或目录的状态
find	`hadoop fs -find <URI>`	返回与给定表达式相匹配的所有文件
get	`hadoop fs -get <Source URI> <Dest URI>`	将源路径中的文件复制到位于本地文件系统的目标路径中
tail	`hadoop fs -tail <URI>`	将文件最后的数 KB 数据显示到输出

表 2-2　写入操作

命令	使用方法	描述
appendToFile	`hadoop fs -appendToFile <Local URI> <dest URI>`	将一些本地文件数据添加到目标 URI 文件中
copyFromLocal	`hadoop fs -copyFromLocal <Local URI> <Remote URI>`	将文件从远程文件系统复制到本地文件系统
put	`hadoop fs -put <Local URI>...<Remote URI>`	将文件从本地文件系统复制到远程文件系统
touch	`hadoop fs -touchz <URI>`	创建一个长度为 0 的文件

表 2-3　其他操作

命令	使用方法	描述
chmod	`hadoop fs -chmod <URI>`	更改文件的权限
chown	`hadoop fs -chown <URI>`	更改文件的所有者
df	`hadoop fs -df <URI>`	显示指定 URI 下的剩余空间
du	`hadoop fs -du <URI>`	显示包含在指定目录下的文件大小
mv	`hadoop fs -mv <Source URI>...<Dest URI>`	将文件从源位置移动到目标位置
rm	`hadoop fs -rm <URI>`	删除给定 URI 下的文件
rmdir	`hadoop fs -rmdir <URI>`	删除给定 URI 下的目录
stat	`hadoop fs -stat <URI>`	显示某个给定 URI 的统计信息

你可能熟悉大多数 CLI 命令。它们是面向文件系统用户的，很多命令可以用来操作已存储的文件或目录。此外，HDFS 为其群集管理员提供了名为 dfsadmin 的命令。你可以通过 bin/hdfs dfsadmin <sub command>来使用它。管理命令的完整列表参见网址：http://hadoop.apache.org/docs/current/hadoop-project-dist/hadoop-hdfs/HDFSCommands.html#dfsadmin。

如果想要编程或者在应用程序中访问 HDFS 的数据，Java 文件系统 API 会很有帮助。文件系统 API 还封装了认证过程和对给定配置的解释。让我们构建一个能够读取文件数据并将其输出到 stdout 的工具。为了构建工具，需要知道编写 Java 程序和使用 Maven 的方法。我们假定你掌握了这些知识。依赖关系如下所示：

```
<dependency>
    <groupId>org.apache.hadoop</groupId>
    <artifactId>hadoop-client</artifactId>
    <version>2.6.0</version>
</dependency>
```

当然，Hadoop 的版本可以根据你的 Hadoop 群集来调整。我们的工具称为 MyHDFSCat。具体实现如下所示：

```
import org.apache.hadoop.conf.Configuration;
import org.apache.hadoop.conf.Configured;
import org.apache.hadoop.fs.FileSystem;
import org.apache.hadoop.fs.Path;
import org.apache.hadoop.io.IOUtils;
import org.apache.hadoop.util.Tool;
import org.apache.hadoop.util.ToolRunner;
import java.io.InputStream;
import java.net.URI;

public class MyHDFSCat extends Configured implements Tool {
    public int run(String[] args) throws Exception {
        String uri = null;
        // Target URI is given as first argument
```

```
    if (args.length > 0) {
      uri = args[0];
    }
  // Get the default configuration put on your HDFS cluster
      Configuration conf = this.getConf();
  FileSystem fs = FileSystem.get(URI.create(uri), conf);
  InputStream in = null;
  try {
        in = fs.open(new Path(uri));
        IOUtils.copyBytes(in, System.out, 4096,
        false);
      } finally {
        IOUtils.closeStream(in);
      }
      return 0;
  }


  public static void main(String[] args) throws
    Exception {
    int exitCode = ToolRunner.run(new MyHDFSCat(), args);
        System.exit(exitCode);
  }
}
```

可以使用 mvn package -DskipTests 命令编译实现。接下来要做的就是把 JAR 文件上传到群集。可以在项目根目录下的 target 文件夹中找到 JAR 文件。在运行 MyHDFSCat 之前，务必把该文件上传到 HDFS。

```
$ echo "This is for MyHDFSCat" > test.txt
$ bin/hadoop fs -put test.txt /test.txt
```

可以使用 hadoop 命令的 jar 子命令运行包含在 JAR 文件中的 Java 类。JAR 文件是 myhdfscat-0.0.1-SNAPSHOT.jar(构建 HDFS 群集的方法将在下一节中描述)。MyHDFSCat 命令的运行情况如下所示：

```
$ bin/hadoop jar myhdfscat-0.0.1-SNAPSHOT.jar
MyHDFSCat hdfs:///test.txt
This is for MyHDFSCat
```

可以做一些其他操作，不只是读取文件数据，还包括写入、删除和从 HDFS 文件中提取状态信息。你会发现用来获取 FileStatus 的示例工具与 MyHDFSCat 是相同的。

```
Import org.apache.hadoop.conf.Configuration;
    import org.apache.hadoop.conf.Configured;
    import org.apache.hadoop.fs.FileStatus;
    import org.apache.hadoop.fs.FileSystem;
    import org.apache.hadoop.fs.Path;
    import org.apache.hadoop.util.Tool;
    import org.apache.hadoop.util.ToolRunner;
    import java.net.URI;
public class MyHDFSStat extends Configured implements Tool {
    public int run(String[] args) throws Exception {
        String uri = null;
        if (args.length > 0) {
            uri = args[0];
        }
        Configuration conf = this.getConf();
            FileSystem fs = FileSystem.get(URI.create
                (uri), conf);
            FileStatus status = fs.getFileStatus(new
                Path(uri));
        System.out.printf("path: %s\n", status.getPath());
        System.out.printf("length: %d\n", status.getLen());
        System.out.printf("access: %d\n",
            status.getAccessTime());
        System.out.printf("modified: %d\n",
            status.getModificationTime());
        System.out.printf("owner: %s\n", status.getOwner());
        System.out.printf("group: %s\n", status.getGroup());
        System.out.printf("permission: %s\n",
```

```
        status.getPermission());
    System.out.printf("replication: %d\n",
        status.getReplication());

    return 0;
}

public static void main(String[] args) throws
    Exception {
        int exitCode = ToolRunner.run(new
            MyHDFSStat(), args);
        System.exit(exitCode);
    }
}
```

可以采用与运行 MyHDFSCat 相同的方式来运行 MyHDFSStat。
输出结果如下所示：

```
$ bin/hadoop jar myhdfsstat-SNAPSHOT.jar \
            com.lewuathe.MyHDFSStat hdfs:///test.txt
path: hdfs://master:9000/test.txt
length: 18
access: 1452334391191
modified: 1452334391769
owner: root
group: supergroup
permission: rw-r--r--
replication: 1
```

可编写程序来操作 HDFS 数据。如果还没有 HDFS 群集，那么
应该启动自己的 HDFS 群集。接下来将会解释如何建立一个分布式
HDFS 群集。

2.2 在分布式模式下设置 HDFS 群集

既然理解了 HDFS 的整体架构和接口，是时候学习如何启动自

己的 HDFS 群集了。要做到这一点，有必要采购一些机器来为 HDFS 群集中的各个组件做准备。应该将一台机器创建为主节点，上面安装 NameNode 和 ResourceManager。其他机器应该创建为从节点，安装 DataNode 和 NodeManager。服务器的总数是 1+N 台，其中 N 取决于工作负载的大小。可以将 HDFS 群集设置为安全模式。我们会省略安全 Hadoop 群集的细节，因为在第 6 章中会介绍。因此，现在要创建一个普通的 HDFS 群集。作为首要条件，在开始安装 Hadoop 之前，请确保所有服务器都安装了 Java 1.6 以上的版本。Hadoop 项目已测试的 JDK 版本列表可参见网站：`http://wiki.apache.org/hadoop/HadoopJavaVersions`。

安装

首先，从镜像站点(`http://hadoop.apache.org/releases.html`)下载 Hadoop 包。如果想要从源文件中构建 Hadoop 包，需要使用包含在 Hadoop 源目录中的 BUILDING.txt 文件。Hadoop 项目提供了用于构建 Hadoop 包的 Docker 镜像：`start-build-env.sh` 即用于此目的。如果已经在自己的机器上安装了 Docker，那么可以构建一个包含构建 Hadoop 包所需全部依赖的环境：

```
$ ./start-build.env.sh
$ mvn package -Pdist,native,docs -DskipTests -Dtar
```

构建的包位于 `hadoop-dist/target/hadoop-<VERSION>-SNAPSHOT.tar.gz`，如果要在`/usr/local` 目录下安装此包：

```
$ tar -xz -C /usr/local
$ cd /usr/local
$ ln -s hadoop-<VERSION>-SNAPSHOT hadoop
```

HDFS 配置文件包括 `core-default.xml` 和 `etc/hadoop/core-site.xml`、`hdfsdefault.xml` 和 `etc/hadoop/hdfs-site.xml`。前者是 HDFS 的默认值，后者是群集的特殊配置。不

应该更改 hdfs-default.xml，但如有必要可更改 hdfs-site.xml。此外，还有一些必须设置的环境变量。

```
export JAVA_HOME=/usr/java/default
export HADOOP_COMMON_PREFIX=/usr/local/hadoop
export HADOOP_PREFIX=/usr/local/hadoop
export HADOOP_HDFS_HOME=/usr/local/hadoop
export HADOOP_CONF_DIR=/usr/local/hadoop/etc/hadoop
```

这些变量在 hadoop 或启动守护进程(其中含有 exec 脚本或者配置文件)的 hdfs 脚本中使用。每个守护进程的实际配置都写在 core-site.xml 和 hdfs-site.xml 中。顾名思义，core-site.xml 针对 Hadoop Common 包，而 hdfs-site.xml 针对 HDFS 包。首先，为了指定 hadoop 脚本中使用的 HDFS 群集，fs.defaultFS 是必需的。

```
<configuration>
  <property>
    <name>fs.defaultFS</name>
    <value>hdfs://<Master hostname>:9000</value>
  </property>
</configuration>
```

hadoop 脚本用于启动 MapReduce 作业和 dfsadmin 命令。有了 fs.defaultFS 配置，只需要写在 core-site.xml 文件中，系统就能检测到 HDFS 群集的位置。下一步是添加 hdfs-site.xml。

```
<configuration>
    <property>
        <name>dfs.replication</name>
        <value>1</value>
    </property>
</configuration>
```

dfs.replication 指定 HDFS 上每个块的最小复制因子。由于默认值已设置为 3，因此没有必要再一次设置了。与 NameNode

守护进程相关的配置见表 2-4。

表 2-4　NameNode 守护进程配置

参数	注意
dfs.namenode.name.dir	fsimage 或编辑日志等元数据存储在 NameNode 机器的此目录下
df.hosts / dfs.hosts.excluded	已加入或已去除的 DataNode 列表
dfs.blocksize	指定 HDFS 文件的块尺寸
dfs.namenode.handler.count	处理的线程数

由于在大多数情况下，HDFS 群集中的 NameNode 和 DataNode 会采用相同的配置文件，因此 DataNode 的配置也可以写在 hdfs-site.xml 中(参见表 2-5)。

表 2-5　DataNode 守护进程配置

参数	注意
dfs.datanode.data.dir	DataNode 在指定目录下存储实际块数据。可以使用逗号分隔的目录列表来设置多个目录

配置完 HDFS 群集后，如果是第一次在机器上启动 HDFS 群集，那么有必要对其进行格式化。

```
$ bin/hdfs namenode -format
```

一旦格式化 NameNode，就可以启动 HDFS 守护进程了。NameNode 和 DataNode 的启动命令都包含在 hdfs 脚本中。

```
# On NameNode machine
    $ bin/hdfs namenode
# On DataNode machine
    $ bin/hdfs datanode
```

可使用 upstart(`http://upstart.ubuntu.com/`)和 daemontools
(`https://cr.yp.to/daemontools.html`)来启动这些进程。如
果想要将 NameNode 和 DataNode(见图 2-6)作为守护进程来启动，
那么 Hadoop 源代码中提供了实用脚本。

```
# On NameNode machine
    $ sbin/hadoop-daemon.sh --config
        $HADOOP_CONF_DIR --script hdfs start namenode
# On DataNode machine
    $ sbin/hadoop-daemon.sh --config
        $HADOOP_CONF_DIR --script hdfs start datanode
```

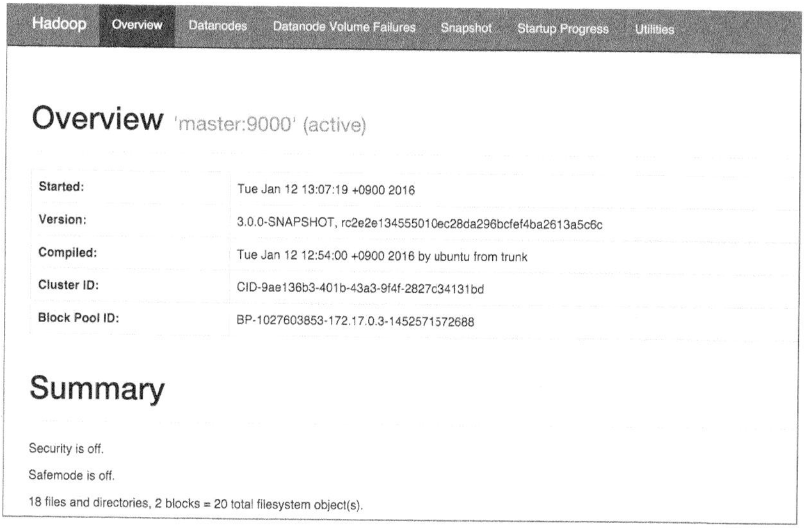

图 2-6

启动 HDFS 群集之后，可以在 `http://<Master Hostname>:`
`50070` 中看到 NameNode 的用户界面。

NameNode 还有一个由 JMX 提供的指标 API。可以看到体现
HDFS 群集的配置参数和资源使用信息的指标。这展现在
`http://<Master Hostname>:50070/jmx` 中。JMX 指标有助

于群集监控和分析群集性能。当有必要关闭 HDFS 群集时，也可以
采取同样的方式。

```
# On NameNode machine
    $ sbin/hadoop-daemon.sh --config
        $HADOOP_CONF_DIR --script hdfs stop namenode
# On DataNode machine
    $ sbin/hadoop-daemon.sh --config
        $HADOOP_CONF_DIR --script hdfs stop datanode
```

DataNode 在 50075 端口也有一个 Web 用户界面。可以在
http://<Slave Hostname>:50075 看到。这是构建 HDFS 群
集的基本方式。但是在许多企业应用场景下，使用某种 Hadoop 发
行版，例如 Cloudera 的 CDH 或者 Hortonworks 的 HDP 是合理的。
这些包中包括一个称为 Cloudera Manager 或者 Ambari 的构建管理
器。想要构建 HDFS 群集，这些都是可行选项。细节如下：

- Cloudera Manager：https://www.cloudera.com/content/
  www/en-us/products/cloudera-manager.html

- Apache Ambari：http://ambari.apache.org/

2.3 HDFS 的高级特性

到目前为止所介绍的内容已经足以构建和试验 HDFS 了。但为
在 HDFS 上可靠地执行操作，还应该知道一些特性。HDFS 经常用
于存储关键的商业数据。因此，HDFS 群集运行的稳定性很重要。
本节将解释一些 HDFS 高级特性。这包括一些还没有发布的特性。
例如，纠删码正在积极地发展中，但已经合并到主分支了。尽管我
们还不能在发布版中使用它，但它可以更有效地存储数据，而且也
更经济。HDFS 一直都在发展，因此我们这里只能展示高级特性中
的一部分。

2.3.1　快照

HDFS 快照可以在某些时间点上复制文件系统中的数据。一个子树或者整个文件系统都可以进行快照。快照通常是用于防止失效或者灾难恢复的数据备份，快照为只读数据，因为如果在快照创建之后还可以修改其数据，那么它就没有意义了。HDFS 快照的设计目标是高效地复制数据，HDFS 快照的高效性主要包括：

- 创建快照需要常数级时间复杂度 O(1)，不包括 inode 查找时间，因为它只建立引用，并不复制实际数据。
- 只有当原始数据被修改时，才会使用额外的内存。额外内存的大小与修改的数目成正比。
- 修改按照时间倒序记录为集合。当不再修改当前数据之后，快照数据由当前数据减去修改计算而来。

只要设置为 snapshottable，任何目录都可以创建它自己的快照。在一个文件系统中 sanpshottable 目录的数量是没有限制的，而一个 snapshottable 目录最多能同时拥有 65 536 个快照。管理员可将任意目录设置为 snapshottable，并且目录一旦被设置为 sanpshottable，任何用户都可以创建快照。需要注意的是目前不允许嵌套 snapshottable 目录。因此，当父目录已经是 snapshottable 时，子目录不能被设置成 snapshottable。让我们来解释如何使用一些管理员操作在 HDFS 上创建快照。

快照目录会生成在它自己的目录下。快照也是一个 HDFS 目录，包括创建快照时已存在的所有数据。一个 snapshottable 目录可以有多个快照，快照以创建时间点作为唯一名称来标识。接下来我们看看如何在 HDFS 目录中使用快照。在快照操作中有两种类型的命令。一种面向用户，而另一种面向管理员。

```
$ bin/hadoop fs -mkdir /snapshottable
$ bin/hdfs dfsadmin -allowSnapshot /snapshottable
```

管理员命令将允许快照。尽管使用-allowSnapshot 命令之后似乎没有任何变化，但是已经允许用户随时创建快照了。可以用 fs -createSnapshot 命令来创建快照。

```
$ bin/hadoop fs -put fileA /snapshottable
$ bin/hadoop fs -put fileB /snapshottable
$ bin/hadoop fs -createSnapshot /snapshottable
$ bin/hadoop fs -ls /snapshottable/
Found 2 items
-rw-r--r--   1 root supergroup        1366 2016-01-14
    07:46 /snapshottable/fileA
-rw-r--r--   1 root supergroup        1366 2016-01-14
    08:27 /snapshottable/fileB
```

fileA 和 fileB 通常存储在/snapshottable 下。但快照在哪里？仅利用 ls 命令，我们看不到快照目录，但是我们可以通过指定名为.snapshot 的快照目录的完整路径来找到它。

```
$ bin/hadoop fs -ls /snapshottable/.snapshot
Found 1 items
drwxr-xr-x   - root supergroup          0 2016-01-14
    07:47 /snapshottable/.snapshot/
s20160114-074722.738
```

当创建快照时，全部现有文件都会存储在该目录下。

```
$ bin/hadoop fs -ls /snapshottable/.snapshot/
    s20160114-074722.738
Found 2 items
-rw-r--r--   1 root supergroup        1366 2016-01-14
    07:46 /snapshottable/.snapshot/
s20160114-074722.738/fileA
-rw-r--r--   1 root supergroup        1366 2016-01-14
    07:46 /snapshottable/.snapshot/
s20160114-074722.738/fileB
```

这些文件将不再改动。所以如果一旦需要文件/目录的快照，则只需要将数据移动或复制到正常目录中。使用 HDFS 快照的一大优势是你不需要了解任何新的命令或操作,因为它们就是 HDFS 文件。在普通 HDFS 文件/目录上的任何操作,在快照文件/目录上也同样适用。

接下来,让我们创建另一个快照,并查看第一个快照之后的修改所带来的差别。

```
$ bin/hadoop fs -put fileC /snapshottable
$ bin/hadoop fs -ls /snapshottable
Found 3 items
-rw-r--r--   1 root supergroup       1366 2016-01-14
    07:46 /snapshottable/fileA
-rw-r--r--   1 root supergroup       1366 2016-01-14
    08:27 /snapshottable/fileB
-rw-r--r--   1 root supergroup       1366 2016-01-14
    08:27 /snapshottable/fileC
$ bin/hdfs -createSnapshot /snapshottable
```

可以在/snapshottable 目录下看到第二个快照。

```
$ bin/hadoop fs -ls /snapshottable/.snapshot
Found 2 items
drwxr-xr-x   - root supergroup          0 2016-01-14
    07:47 /snapshottable/.snapshot/↵
s20160114-074722.738
drwxr-xr-x   - root supergroup          0 2016-01-14
    08:30 /snapshottable/.snapshot/↵
s20160114-083038.580
```

snapshotDiff 命令可以用于检查对 snapshottable 目录所做的全部修改。它不显示修改后的实际内容,但也足以检查修改的概况了。

```
$ bin/hdfs snapshotDiff /snapshottable
    s20160114-074722.738 s20160114-083038.580
Difference between snapshot s20160114-074722.738 and
```

```
    snapshot s20160114-083038.580 under
directory /snapshottable:
M    .
+    ./fileC
```

每行的第一个字符表示修改类型，如表 2-6 所示。

表 2-6　snapshotDiff 修改类型

特性	修改类型
+	创建了文件/目录
-	删除了文件/目录
M	修改了文件/目录
R	重命名了文件/目录

请注意删除和重命名的区别。如果重命名后的结果文件移到 snapshottable 目录之外，那么这也被视为删除。只有文件仍然在 snapshottable 目录中才被视为重命名。HDFS 快照提供一种简单方法来同时保存文件/目录的副本。尽管它很有用，但也不建议用 HDFS 快照来进行完全备份。HDFS 快照就是一个 HDFS 文件/目录。快照数据与 HDFS 中的文件/目录有着同样的容错性和可用性。因此，必须为完全备份提供更强的安全性和安全存储。

HDFS 快照的全部指令参见网址：http://hadoop.apache.org/docs/current/hadoop-project-dist/hadoop-hdfs/HdfsSnapshots.html。

2.3.2　离线查看器

离线编辑查看器和镜像查看器通过检查编辑日志和 fsimage 文件，提供了一种观察文件系统当前状态的方法。你只需要两个文件。检查名字系统状态时并不会停止 HDFS 服务。此外，离线查看器只取决于文件。没必要为了观察离线查看器而对 HDFS 服务做操作。

如前所述，HDFS 服务管理两种类型的文件：编辑日志和 fsimage。
所以对应于这些文件也有两种类型的离线查看器：离线编辑查看器
和离线镜像查看器。在本节中，你将了解如何使用这些离线查看器
以及它们的命令用法。

　　首先，让我们讲解离线编辑查看器，它包含在 hdfs 命令的子命
令中：

```
$ bin/hdfs oev
Usage: bin/hdfs oev [OPTIONS] -i INPUT_FILE -o OUTPUT_FILE
Offline edits viewer
Parse a Hadoop edits log file INPUT_FILE and save results
in OUTPUT_FILE.
Required command line arguments:
-i,--inputFile <arg>   edits file to process, xml (case
                       insensitive) extension means XML format,
                       any other filename means binary format
-o,--outputFile <arg>  Name of output file. If the specified
                       file exists, it will be overwritten,
                       format of the file is determined
                       by -p option

Optional command line arguments:
-p,--processor <arg>   Select which type of processor to apply
                       against image file, currently supported
                       processors are: binary (native binary
                       format that Hadoop uses), xml
                       (default, XML format), stats
                       (prints statistics about
                       edits file)
-h,--help              Display usage information and exit
-f,--fix-txids         Renumber the transaction IDs in the input,
                       so that there are no gaps or invalid
                       transaction IDs.
-r,--recover           When reading binary edit logs, use
```

```
                        recovery mode. This will give you the
                        chance to skip corrupt parts of the
                        edit log.
-v,--verbose            More verbose output, prints the
                        input and output filenames, for
                        processors that write to a file,
                        also output to screen. On large image
                        files this will dramatically increase
                        processing time (default is false).


Generic options supported are
-conf <configuration file>      specify an application
    configuration file
-D <property=value>             use value for given
    property
-fs <local|namenode:port>       specify a namenode
-jt <local|resourcemanager:port>    specify a
    ResourceManager
-files <comma separated list of files>      specify comma
    separated files to be copied to the map reduce cluster
-libjars <comma separated list of jars>     specify comma
    separated jar files to include in the classpath.
-archives <comma separated list of archives>    specify
    comma separated archives to be unarchived on the
    compute machines.

The general command line syntax is
command [genericOptions] [commandOptions]
```

离线编辑查看器是一个转换器，可以把不可读的二进制编辑日志文件转换为可读文件，例如 XML。假设你有一个如图 2-7 所示的文件系统。

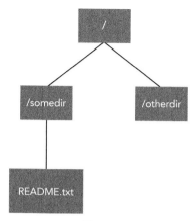

图 2-7

可以使用这个文件系统查看结果。

```
$ bin/hdfs oev -i ~/edits_inprogress_0000000000000000001
-o edits.xml
$ cat edits.xml
<?xml version="1.0" encoding="UTF-8"?>
<EDITS>
  <EDITS_VERSION>-64</EDITS_VERSION>
  <RECORD>
    <OPCODE>OP_START_LOG_SEGMENT</OPCODE>
    <DATA>
      <TXID>1</TXID>
    </DATA>
  </RECORD>
  <RECORD>
    <OPCODE>OP_MKDIR</OPCODE>
    <DATA>
      <TXID>2</TXID>
      <LENGTH>0</LENGTH>
      <INODEID>16386</INODEID>
      <PATH>/tmp</PATH>
      <TIMESTAMP>1453857409206</TIMESTAMP>
      <PERMISSION_STATUS>
        <USERNAME>root</USERNAME>
```

```
      <GROUPNAME>supergroup</GROUPNAME>
      <MODE>504</MODE>
    </PERMISSION_STATUS>
  </DATA>
</RECORD>
<RECORD>
  <OPCODE>OP_MKDIR</OPCODE>
  <DATA>
    <TXID>3</TXID>
    <LENGTH>0</LENGTH>
    <INODEID>16387</INODEID>
    <PATH>/tmp/hadoop-yarn</PATH>
    <TIMESTAMP>1453857409411</TIMESTAMP>
    <PERMISSION_STATUS>
      <USERNAME>root</USERNAME>
      <GROUPNAME>supergroup</GROUPNAME>
      <MODE>504</MODE>
    </PERMISSION_STATUS>
  </DATA>
</RECORD>
<RECORD>
...
```

虽然这只是输出的一部分，但你可以看出文件中所记录的 HDFS 上每个操作的执行方式。这对于研究二进制级别的当前 HDFS 状态很有用。此外，离线编辑查看器可以把 XML 文件转换回二进制形式。

```
$ bin/hdfs oev -p binary -i edits.xml -o edit
```

可以使用-p(processor)选项指定转换算法。当想要返回二进制格式时，你可以使用二进制。该选项的候选值为 binary、XML 和 stats，但 XML 是默认的。可以使用 stats 选项查看每个操作的统计信息：

```
$ bin/hdfs oev -p stats -i edits.xml -o edit_stats
$ cat edits_stats
  VERSION                          : -64
```

```
OP_ADD                     (  0): 1
OP_RENAME_OLD              (  1): 1
OP_DELETE                  (  2): null
OP_MKDIR                   (  3): 8
OP_SET_REPLICATION         (  4): null
OP_DATANODE_ADD            (  5): null
OP_DATANODE_REMOVE         (  6): null
OP_SET_PERMISSIONS         (  7): 1
OP_SET_OWNER               (  8): null
OP_CLOSE                   (  9): 1
OP_SET_GENSTAMP_V1         ( 10): null
OP_SET_NS_QUOTA            ( 11): null
OP_CLEAR_NS_QUOTA          ( 12): null
OP_TIMES                   ( 13): null
OP_SET_QUOTA               ( 14): null
OP_RENAME                  ( 15): null
OP_CONCAT_DELETE           ( 16): null
OP_SYMLINK                 ( 17): null
    ...
```

　　记住，不能将 stats 文件转换为 XML 或 binary 文件，因为这将丢失一些信息。那么，应该在什么时候使用离线编辑查看器呢？如果可以阅读编辑日志，那么也可以编辑它。如果编辑日志文件已经意外损坏，但仍然部分完整，那么可以通过手动改写编辑日志来恢复原始文件。这种情况下，需要首先将编辑日志转换为 XML，接下来可任意编辑 XML 文件，在还原了正确的操作顺序之后，再将其转回二进制格式。回到二进制格式后，HDFS 一旦重启就会读取它。但某些情况下，手动修改编辑日志可能会导致更严重的问题，如输入错误或非法操作类型。如果不得不进行手动操作的话，请务必当心。

　　还有另一个非常相似的工具称为离线镜像查看器。离线编辑查看器以可读的格式来查看编辑日志。同样，离线镜像查看器以可读的格式查看 fsimage。离线镜像查看器不仅能查看镜像文件内容，还可以通过访问 WebHDFS API 对其进行深度分析和研究。为了创建 fsimage 文件，通常需要运行检查点。但也可以手动完成这项工作。如果你的 HDFS 群集上有 fsimage，那么就不需要运行检查点了。可以通过 savesNamespace 命令将当前的 HDFS 名称空间保存为 fsimage。

```
$ bin/hdfs dfsadmin -safemode enter
Safe mode is ON
$ bin/hdfs dfsadmin -saveNamespace
Save namespace successful
$ bin/hdfs dfsadmin -safemode leave
Safe mode is OFF
```

尽管我们不会在这里阐述安全模式的细节，但它是一个让 HDFS 进入只读模式以便进行维护的命令。否则在把名称空间存入 fsimage 文件时，HDFS 上会发生写操作。离开安全模式之后，会在 HDFS NameNode 根目录下发现新的 fsimage 文件。

```
$ ls -l /tmp/hadoop-root/dfs/name/current
-rw-r--r-- 1 root root    214 Jan 27 04:41 VERSION
-rw-r--r-- 1 root root 1048576 Jan 27 04:41
edits_inprogress_0000000000000000018
-rw-r--r-- 1 root root    362 Jan 27 01:16
fsimage_0000000000000000000
-rw-r--r-- 1 root root     62 Jan 27 01:16
fsimage_0000000000000000000.md5
-rw-r--r-- 1 root root    970 Jan 27 04:41
fsimage_0000000000000000017
```

最新的 fsimage 文件是 fsimage_0000000000000000017。可以使用 oiv 命令启动带有离线镜像查看器的 WebHDFS 服务器。

```
$ bin/hdfs oivl -i fsimage_0000000000000000017
16/01/27 05:03:30 WARN channel.DefaultChannelId:
Failed to find a usable hardware address from the
network interfaces; using random bytes:
```

```
a4:3d:28:d3:a7:e5:60:9416/01/27 05:03:30 INFO
offlineImageViewer.WebImageViewer: WebImageViewer started.↵
Listening on /127.0.0.1:5978. Press Ctrl+C to stop the viewer.
```

可以通过指定 webhdfs 协议轻松地访问服务器。

```
$ bin/hadoop fs -ls webhdfs://127.0.0.1:5978
bin/hadoop fs -ls webhdfs://127.0.0.1:5978/
Found 3 items
drwxr-xr-x   - root supergroup        0 2016-01-27
01:20 webhdfs://127.0.0.1:5978/otherdir
drwxr-xr-x   - root supergroup        0 2016-01-27
01:20 webhdfs://127.0.0.1:5978/somedir
drwxrwx---   - root supergroup        0 2016-01-27
01:16 webhdfs://127.0.0.1:5978/tmp
```

这类似于图 2-7 中所示的目录结构。WebHDFS 通过 HTTP 提供 REST API。因此，可以通过 wget、curl 以及其他工具访问离线镜像查看器。

```
curl -i http://127.0.0.1:5978/webhdfs/v1/?op=liststatus
HTTP/1.1 200 OK
content-type: application/json; charset=utf-8
content-length: 690
connection: close

{"FileStatuses":{"FileStatus":[
{"fileId":16394,"accessTime":0,"replication":0,
 "owner":"root","length":0,
"permission":"755","blockSize":0,"modificationTime":
 1453857650965,"type":
"DIRECTORY","group":"supergroup","childrenNum":0,
 "pathSuffix":"otherdir"},
{"fileId":16392,"accessTime":0,"replication":0,
 "owner":"root","length":0,
"permission":"755","blockSize":0,"modificationTime":
 1453857643759,"type":
"DIRECTORY","group":"supergroup","childrenNum":1,
```

```
  "pathSuffix":"somedir"},
{"fileId":16386,"accessTime":0,"replication":0,
  "owner":"root","length":0,
"permission":"770","blockSize":0,"modificationTime":
  1453857409411,"type":
"DIRECTORY","group":"supergroup","childrenNum":1,
  "pathSuffix":"tmp"}
]}}
```

由于 fsimage 内部布局发生了改变，因此还有一种离线镜像查看器命令。离线镜像查看器使用大量内存而且缺失一些功能。如要避免这个问题，可使用旧的离线镜像查看器(oiv_legacy)，它与Hadoop2.3 中的 oiv 命令是一样的。

2.3.3 分层存储

企业应用所需要的存储容量在迅速增加，因而存储在 Hadoop HDFS 上的数据也指数级地增长。存储数据的成本也在增加。在利用数据获取丰厚收益和发展业务的同时，数据管理也要花费大量时间和金钱。分层存储是一种旨在更有效地利用存储容量的方法。根据 HDFS-6584(https://issues.apache.org/jira/browse/ HDFS-6584)，HDFS 中的这个特性称为归档存储。请记住，数据的使用频率并不总是相同的。一些数据会在工作负载(例如MapReduce 作业)中频繁使用，而其他的陈旧数据则很少使用。归档存储依据访问数据的频率定义了一个称为温度的新度量标准。它将频繁访问的数据归类为 HOT。为增加工作负载的总吞吐量，最好把HOT 数据放在内存或者 SSD 中。很少访问的数据被归类为 COLD数据，放置在较慢的磁盘或者归档存储中。你可以合理节约成本，因为相对于使用低延时的磁盘，使用较慢的磁盘会更加划算。因此，归档存储为你提供了一种可以轻松管理此类异构存储系统的方案。

预先应该知道两个概念：存储类型和存储策略。

- 存储类型：存储类型表示一种物理存储系统。它最初由 HDFS-2832 引入，目的是在 HDFS 上使用多种类型的存储系统。目前支持 ARCHIVE、DISK、SSD 和 RAM_DISK。ARCHIVE 是一种具有高密度存储的机器，但是计算能力很低。RAM_DISK 支持将单独副本放在内存中。它们的名称未必代表实际的物理存储器，而你也可以根据硬件任意配置其类型。

- 存储策略：根据存储策略，可以将块保存在多种异构存储中。内在的策略如下：

  - Hot：经常使用的数据应当驻留在 Hot 策略中。当块是 Hot 时，所有副本都要存储在 DISK 中。

  - Cold：不是每天都使用的数据应该驻留在 Cold 策略。将 Hot 数据转为 Cold 数据是常见的情形。当块是 Cold 时，所有块都存储在 ARCHIVE 中。

  - Warm：介于 Hot 和 Cold 之间的策略。当块是 Warm 时，它的副本一部分存储在 DISK 中，而其余副本则存储在 ARCHIVE 中。

  - All_SSD：当块是 All_SSD 时，所有块均存储在 SSD 中。

  - One_SSD：当块是 One_SSD 时，一个副本存储在 SSD 中。其余副本存储在 DISK 中。

  - Lazy_Persist：当块是 Lazy_Persist 时，单独的一个副本存储在内存中。副本首先写到 RAM_DISK 上，然后保存到 DISK 中。

表 2-7 汇总了上述列表。

表 2-7　策略细节

策略 ID	策略名称	块存放位置(N 个副本)
15	Lazy_Persist	RAM_DISK: 1, DISK: n - 1
12	All_SSD	SSD: n
10	One_SSD	SSD: 1, DISK: n - 1
7	Hot(默认策略)	DISK: n
5	Warm	DISK: 1, ARCHIVE: n - 1
2	Cold	ARCHIVE: n

可以使用 dfsadmin -setStoragePolicy 命令指定文件策略。可以使用 bin/hdfs storagepolicies -listPolicies 命令展现表 2-7 中的列表：

```
$ bin/hdfs storagepolicies -listPolicies
Block Storage Policies:
BlockStoragePolicy{COLD:2, storageTypes=[ARCHIVE], \
    creationFallbacks=[], replicationFallbacks=[]}
BlockStoragePolicy{WARM:5, storageTypes=[DISK, ARCHIVE], \
    creationFallbacks=[DISK, ARCHIVE],
replicationFallbacks=[DISK, ARCHIVE]}
BlockStoragePolicy{HOT:7, storageTypes=[DISK], \
    creationFallbacks=[], replicationFallbacks=[ARCHIVE]}
BlockStoragePolicy{ONE_SSD:10, storageTypes=[SSD, DISK], \
    creationFallbacks=[SSD, DISK],
    replicationFallbacks=[SSD, DISK]}
BlockStoragePolicy{ALL_SSD:12, storageTypes=[SSD], \
    creationFallbacks=[DISK], replicationFallbacks=[DISK]}
BlockStoragePolicy{LAZY_PERSIST:15, storageTypes=
[RAM_DISK, DISK], \
    creationFallbacks=[DISK], replicationFallbacks=[DISK]}
```

此外，需要为 HDFS 群集编写一些配置。

- `dfs.storage.policy.enabled`：启用/禁用群集上的归档存储功能。默认值是 true。
- `dfs.datanode.data.dir`：以逗号分隔的存储位置。它指定目录与策略的对应关系。例如，可以使用 `[DISK]file:///tmp/dn/ disk0` 将 `/tmp/dn/disk0` 指定为 DISK 策略。

归档存储是一种降低存储容量不必要使用的解决方案。有效地使用存储对节约成本有着巨大的影响，甚至最终会影响企业绩效。因此，HDFS 项目正在努力解决该问题。

2.3.4　纠删码

HDFS 纠删码目前尚未发布。这个项目正在积极开发中。纠删码的目的和归档存储一样，它能让你更有效地使用存储容量。纠删码采用一种与 RAID 奇偶校验驱动系统类似的方法。因此，纠删码通过创建奇偶校验块而非复制的方式实现容错性。这意味着可以通过其他块重建原始数据。由于解码的计算成本，重建原始数据需要花费时间，而且成本较高。相比于 HDFS 上的普通复制系统，纠删码可以获取相对较高的容错率。接下来将要描述纠删码的基本架构。

在复制上下文中，块会被复制并分布到群集上。由于块通常会有 3 个副本，因此存储容量的开销是两倍，而每个块的冗余是 3 倍。这对工作负载本身来说是好的，因为只需要获取一个副本即可得到块数据。另一方面，纠删码将块分为 9 个块，它们与原始块相比拥有不同的数据。6 个块称为数据块，3 个块称为奇偶校验块。数据块的总数与原始数据一样。因此，9 个块中的任意 6 个块均可以重建其他块。这意味着最多可以丢失其中 3 个对应块，因为只要存储系统上仍有 6 个块，你就可以生成整个数据。存储容量的总开销是 1.5x(=全部 9 个块/6 个数据块)。每块的冗余是 3x，因为可以丢失任意 3 块。这种情形下使用的编码算法称为 Reed-Solomon(见表 2-8)，是纠删码中使用的默认算法。

表 2-8　纠删码中的 Reed-Solomon 算法

	3 复制	(6,3)Reed-Solomon 算法
最大容忍度	2	3
磁盘空间使用	3x	1.5x
客户端和 DataNode 之间的连接(写入)	1	9
客户端和 DataNode 之间的连接(读取)	1	6

正如在表 2-8 中看到的那样，Reed-Solomon 算法中读取和写入的连接需求比复制情况下更大，因为 Reed-Solomon 算法要求在写入时创建全部 9 个块，并且为了重建原始数据至少需要读取 6 个块(见图 2-8)。这就是在群集中使用纠删码的代价。因此，应该将纠删码用于不经常使用的 Cold 数据。由于 Cold 数据并不是每天都使用，因此可以考虑减少存储 Cold 数据的成本，即使牺牲一些吞吐量或造成延迟，使用纠删码也是可以接受的。

让我们来简要地研究一下纠删码。纠删码特性已经合并到了 HDFS 源代码库的主分支中。如果能够构建它的话，你同样也可以尝试纠删码。由于构建 HDFS 的方法已经写在源代码树的 BUILDING.txt 中了，因此这里省略了具体细节。

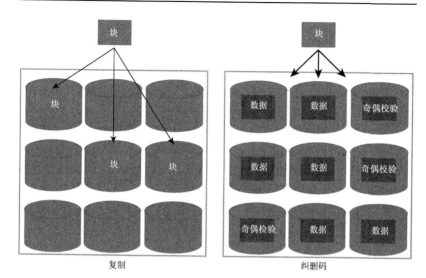

图 2-8

首先，需要为纠删码指定目录。hdfs 命令提供了用于此目的的子命令 erasurecode：

```
$ bin/hdfs erasurecode
Usage: hdfs erasurecode [generic options]
      [-getPolicy <path>]
      [-help [cmd ...]]
      [-listPolicies]
      [-setPolicy [-p <policyName>] <path>]
      [-usage [cmd ...]]
```

纠删码上下文中提到的策略表示用于计算数据块和奇偶校验块的算法。可以使用-listPolicies 选项确定受支持的策略类型。

```
$ bin/hdfs erasurecode -listPolicies
RS-6-3-64k
```

RS-6-3-64k 指定使用有 6 个数据块和 3 个奇偶校验块的 Reed-Solomon 算法，并且编码单元的大小为 64KB。可以使用

-setPolicy 选项设置纠删码目录：

```
$ bin/hadoop fs -mkdir  /ecdir
$ bin/hdfs erasure code -setPolicy
$ bin/hdfs erasurecode -setPolicy -p RS-6-3-64k /ecdir
EC policy set successfully at hdfs://master:9000/ecdir
```

所有放置在/ecdir 中的新数据都会自动根据纠删码算法创建。

```
$ bin/hadoop fs -put README.txt /ecdir
$ bin/hdfs erasurecode -getPolicy /ecdir
ErasureCodingPolicy=[Name=RS-6-3-64k, Schema=[ECSchema=
[Codec=rs, numDataUnits=6, numParityUnits=3]], 
CellSize=65536 ]
```

从 NameNode 的 Web 用户界面上可以看到块被分成了 9 个块(见图 2-9)。

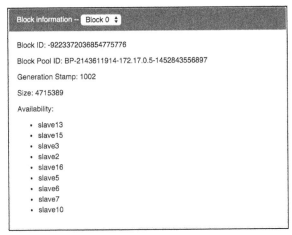

图 2-9

纠删码文件的接口没有改变。可以对纠删码文件做任何操作，就和普通复制文件一样。因此，纠删码提供了一种更加有效管理存储容量的方式。我们期望在未来的 HDFS 版本中看到纠删码特性的发布。

2.4　文件格式

HDFS 可以存储任何类型的数据，包括二进制格式的文本数据，甚至包括图像或者音频文件。HDFS 最初和当前的发展都使用 MapReduce。因此，经常使用适合 MapReduce 或 Hive 工作负载的文件格式。在工作负载中使用恰当的文件格式可以获得更好的性能。使用这些文件格式的细节将在后面的章节中描述。在本节中，我们简要地介绍 HDFS 和 MapReduce 常用的一些文件格式。然而，了解工作负载的目标和必要性是有意义的。例如，必要性可能是在 10 分钟之内完成工作或者完成处理 10TB 输入数据的作业。目标和必要性不仅取决于工作执行引擎(例如 MapReduce)，也取决于存储文件格式。此外，为了选择压缩算法，指定 HDFS 中的数据更新频率或者输入数据的大小也是很重要的。在选择文件格式之前，让我们先来看一些关键点。

- SequenceFile：SequenceFile 是一种包含键/值对的二进制格式，也是包含在 Hadoop 项目中的格式。SequenceFile 支持自定义压缩编解码器，可以用 `CompressionCodec` 来指定。SequenceFile 有 3 种不同的格式。所有这些类型共享一个公共头，其中包含实际数据的元数据，例如版本、键/值类名和压缩编解码器等。3 种数据格式是：
  - · 无压缩的 SequenceFile 格式
  - · 记录压缩的 SequenceFile 格式
  - · 块压缩的 SequenceFile 格式
- 未压缩的格式最简单，也最容易理解。每条记录都表示为一个键/值对。记录压缩的格式压缩记录数据，将每条记录表示为键和压缩值的配对(见图 2-10)。块压缩的格式一次压缩多条记录。SequenceFile 在一些记录之间维护同步标记。在 MapReduce 作业中使用 SequenceFile 是必不可少的，因为

MapReduce 在分配任务时需要可拆分的文件格式。由于 Hive 默认支持 SequenceFile，因此没有必要再编写特殊设置了。SequenceFile 是一种面向行的格式，SequenceFile 的 API 文档参见网址：`https://hadoop.apache.org/docs/stable/api/org/apache/hadoop/io/SequenceFile.html`。

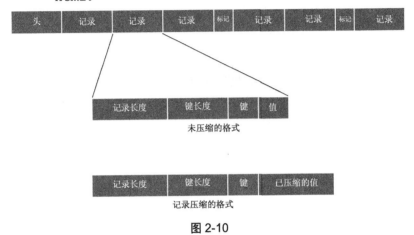

图 2-10

- Avro：Avro 与 SequenceFile 非常类似。Avro 的初衷是为了获取 SequenceFile 不能提供的可移植性。Avro 可供 C/C++、C#、Java 和 Python 等多种编程语言使用。Avro 是一种自描述的数据格式，并且有包括所含记录模式的元数据。此外，Avro 和 SequenceFile 一样支持所含数据的压缩。所以，Avro 也是一种面向行的存储格式。此外，Avro 文件也维护了可切分同步标记。Avro 模式通常写在`*.avsc`文件中。如果将此文件放在类路径中，那么可以加载任意自定义模式。尽管直接使用`*.avsc`文件的 API 是一种通用方法，但也可以通过使用 Avro Maven 插件(`avro-maven-plugin`)生成专用

API 代码。最新的 Avro 入门指南请参见网站：`https://avro.apache.org/docs/1.7.7/gettingstartedjava.html`。

- Parquet：Parquet 是一种面向 Hadoop 框架的列式存储格式。Parquet 是一种通过列实现嵌套名称空间的格式，它受到 Dremel 论文的启发：`http://research.google.com/pubs/pub36632.html`。相比于使用 XML/JSON，嵌套空间特性是使用 Parquet 的主要优势。另外，它可以高效地存储包含大量空字段的稀疏数据。编码/解码规范参见网站：`https://github.com/Parquet/parquet-mr/wiki/The-striping-and-assembly-algorithms-from-the-Dremel-paper`。Parquet 使用 Thrift 作为其序列化格式。一般面向列的数据库通常需要从多台机器中读取列。由于存在网络访问需求，因此这会增加 I/O 成本。Parquet 定义了行组和列块。行组是行的逻辑集合，它也包括一些列块(即特定列的分块)。由于它们在一个文件中注定是连续的，因此有可能降低多次读操作的成本。一个文件中包含每条记录的一些列，因此，如果当前的 Parquet 文件中已经包含了某列，那么就没有必要为了获取该列再去读取另一个文件。Parquet 有几种实现。它们在网站 `https://github.com/apache/parquet-mr` 中。无须编写新的代码就可以在 MapReduce、Hive 或 Pig 中使用 Parquet。使用 Parquet 有助于获取良好的性能，同时降低开发成本。

- ORCFile：ORCFile 是 RCFile 的优化版本。ORCFile 也是一种列式文件格式。虽然 ORCFile 最初是在 Hive 项目中开发出来的，但它现在已经不依赖于 Hive 元存储了。最初的 RCFile 有局限性，因为它不能保持其语义和类型信息。ORCFile 是一种完全自描述的文件格式，也支持嵌套的类型数据。它利用读取器和写入器的类型信息，提供诸如字典编码、位填充和增量编码等压缩技术。ORCFile 的一个特点是记录了行集合中的各个列的最小值和最大值，虽然查询并不需要通过使用这些统计数据来访问实际的列数据。ORCFile 主要存储在 HDFS 中，由 Hive 查询读取。因此，数据索引写在文件的末尾，因为 HDFS 并不支持修改已写入的数据。如果主要工作负载是基于 Hive 的，那么 ORCFile 是存储的最佳选择。

我们已探讨的这些文件格式在 HDFS 中有着广泛应用。由于它们仍然在积极开发中，因此将来你会发现它们更多的已实现特性。当然，存储文件格式应该和工作负载相匹配，这意味着你需要选择 HDFS 所采用的存储文件格式。现在，让我们来讨论选择存储文件格式时的一些关键点。

- 查询引擎：如果 SQL 引擎不支持 ORCFile，那么不能使用 ORCFile。必须选择查询引擎或者应用程序框架(例如 MapReduce)支持的存储文件格式。
- 更新频率：列式存储格式并不适合高频率更新的数据，因为它需要使用整个文件。考虑数据更新需求是很有必要的。
- 可拆分性：为了实现任务分配，数据必须是可拆分的。如果正在考虑使用分布式框架(例如 MapReduce)，那么这是一个关键问题。
- 压缩：你可能希望降低存储成本，而非工作负载的吞吐量和延迟。在这种情况下，有必要进一步研究每种文件格式所支持的压缩。

当选择 HDFS 中所采用的存储文件格式时，这个列表应该会很有帮助。务必运行基线测试，同时也使用实际用例来衡量每种候选方案的性能。

2.5　云存储

在最后这一节中，我们将介绍一些提供 HDFS 存储的云服务。我们讲解使用 HDFS 和构建 HDFS 群集的方法。不过，使用 HDFS 并不总是最佳选择，因为会有 HDFS 维护和硬件所需的花销。因此，使用云服务来满足贵企业的需求可能是个好主意。不仅能够减少购买硬件和网络设备的费用，而且可以节省创建和维护群集所需的时间。以下是提供 HDFS 云存储的主要服务商列表。

- Amazon EMR：Amazon Elastic MapReduce 是一项 Hadoop 云服务。它提供了一种在 EC2 实例上创建 Hadoop 群集以及访问 HDFS 或 S3 的简单方法。可以使用 Amazon EMR 中的主要发行版，例如 Hortonworks Data Platform 和 MapR 发行版。启动过程是自动化的，Amazon EMR 简化了此过程，而 HDFS 可以用于存储在 Amazon EMR 群集上运行的作业所产生的中间数据。只有输入和最终输出放在 S3 上，这是使用 EMR 存储的最佳实践：`http://aws.amazon.com/documentation/elastic-mapreduce/`。

- Treasure Data Service：Treasure Data 是一个完全托管的云数据平台。在 Treasure Data 所管理的存储系统上，可以轻松地导入任意类型的数据，它的内部使用了 HDFS 和 S3，但是封装了它们的细节。不需要注意这些存储系统。Treasure Data 主要使用 Hive 和 Presto 作为它的分析平台。可以编写 SQL 来分析向 Treasure Data 存储服务导入的数据。Treasure Data 使用 HDFS 和 S3 作为其后端，并且分别利用了它们的优势。如果不想在 HDFS 上做任何操作，那么 Treasure Data 可能是最好的选择：`http://www.treasuredata.com`。

- Azure Blob Storage：Azure Blob Storage 是 Microsoft 提供的一项云存储服务。Azure Blob Storage 和 HDInsight 的结合提

供了功能齐全的 HDFS 兼容存储系统。习惯于使用 HDFS 的
用户可以无缝切换到 Azure Blob Storage。大量 Hadoop 生态
系统可以直接操作 Azure Blob Storage 管理的数据。Azure
Blob Storage 最好与计算层(例如 HDInsight)一起使用，它提
供多种类型的接口，例如 PowerShell，当然也包括 Hadoop
HDFS 命令。已经习惯于使用 Hadoop 的开发者可以很轻松
地上手 Azure Blob Storage: `https://azure.microsoft.`
`com/en-us/documentation/services/storage/`。

2.6　小结

本章涵盖了 HDFS 的基础架构以及它在整个 Hadoop 生态系统
(包括 Spark、Tez、Hive 和 Pig)中扮演的角色。简而言之，HDFS 是
所有大数据基础设施的基本系统。操作 HDFS 并不是轻松的工作，
公司里需要有娴熟的 DevOps 工程师来确保系统可靠运行。本章在
HDFS 群集的日常操作方面应该对你有帮助。此外，本章也涵盖了
一些 HDFS 的高级特性。当然，我们没有涵盖所有的 HDFS 特性。
完整的特性列表请参阅官方文档: `http://hadoop.apache.`
`org/docs/current/hadoop-project-dist/hadoop-hdfs`
`/HdfsUserGuide.html`。在这个指南中，你将无法找到关于纠删
码的更多信息，因为纠删码还没有发布。我们强烈建议你目前不要
在生产环境中使用纠删码，但是欢迎试用和报告错误。请期待这个
即将发布的 HDFS 重大特性！

第 3 章

计　算

本章内容提要

- 解读 Hadoop MapReduce 组件的架构
- 设置 MapReduce 作业
- MapReduce 操作的细节
- Spark 作业与 MapReduce 的区别

在前面的章节中，我们建立了一个 Hadoop 集成存储系统，在系统中存储了海量数据以供分布式计算引擎使用。Hadoop MapReduce 是主流分布式计算框架，已经使用了很长时间。Hadoop MapReduce 事实上是 MapReduce 的开源实现，各种类型的企业和个人都对它提供了支持。对企业使用来说，Hadoop MapReduce 的可靠性和结果在众多分布式计算框架中很突出。

在本章中，我们将介绍 MapReduce 的基本概念，以及实现

Hadoop MapReduce 的细节。熟悉分布式计算或高性能计算的工程师很容易理解 Hadoop MapReduce。如果你在这方面有足够的知识，那么请跳过有关 MapReduce 基础的第一部分。

3.1 Hadoop MapReduce 的基础

Hadoop MapReduce 是 Google 最早推出的一种分布式计算框架的开源版本。MapReduce 可以让你很容易地编写 Hadoop 上的分布式应用，并且 MapReduce 计算模型很通用，几乎可以用于编写企业中任何类型的处理逻辑。在这里，我们将解释编写 MapReduce 应用程序所需的 MapReduce 框架的基本概念和目的。然后，我们将介绍 Hadoop MapReduce 的具体架构。

3.1.1 概念

MapReduce 试图满足以下 3 个主要特性：

- 高可扩展性
- 高容错性
- 用于实现以上两点的高层接口

MapReduce 用于分布式处理时没有同时实现高可扩展性和高容错性。分布式计算往往是一件繁杂的事情，所以很难自己编写一个可靠的分布式应用程序。在分布式应用程序运行时会出现各种各样的故障：有些服务器可能会突然失效，而有些磁盘可能会发生故障。请牢记，自己编写代码处理故障是非常耗时的，并且可能会导致应用程序中的新错误。

然而，Hadoop MapReduce 可以满足容错的需要。当你的应用程序出现故障时，该框架可以处理导致失败的原因，然后重试或中止。由于这个特性，应用程序可以在克服失败的同时完成其任务。

Hadoop MapReduce 与 HDFS 集成在一起，这在第 2 章中已经介绍过了。MapReduce 框架处理应用程序和 HDFS 之间的输入和输出。不需要编写这两个框架之间的 I/O 代码。HDFS 也可以处理块故障，只要使用 HDFS 和 MapReduce，就不需要担心存储层的失效。相反，在 MapReduce 框架中，不应该使用一个不考虑磁盘故障和节点故障的存储系统。否则，应用程序的可靠性和可扩展性将进一步恶化。

MapReduce 应用分为几个阶段，这在下面的列表中进行了描述并在图 3-1 中展示了出来。你必须要编写的任务是 map 和 reduce，其他的任务由 MapReduce 框架管理。

- map：从存储系统(如 HDFS)中读取数据。
- sort：根据键对 map 任务中的输入数据进行排序。
- shuffle：划分排序后的数据并在群集节点中重新分配。
- merge：在每个节点上合并由 mapper 发送的输入数据。
- reduce：读取合并后的数据并把它们集成为一个结果。

Hadoop MapReduce 事先定义了所有 sort、shuffle 和 merge 操作。你必须编写 map 和 reduce 操作，这些是由 Mapper 和 Reducer 定义的。Hadoop MapReduce 为分布式编程模型准备了一个足够抽象的概念。从本质上讲，MapReduce 可操控的数据类型是一个包含键和值的元组。可以使用任何类型的键和值，只要它们是可序列化的，但是你必须以元组的格式在 Mapper 和 Reducer 之间传递数据。Mapper 将输入记录转换成包含键和值的元组，你可以定义哪一部分数据需要从 Mapper 的输入数据中提取。Mapper 中有一个方法 map，用于转换输入数据。请记住，Mapper 类中的输出元组数据类型不一定要和输入数据类型相同。

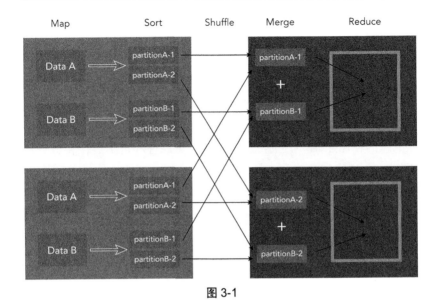

图 3-1

Mapper 类中的输出会被传输到 Reducer。含有相同键的元组会被传输到相同的 Reducer 中。因此，如果一个元组以"Dog"文本作为键并且被传输到 reducer1 中，那么下一个以"Dog"为键的元组也必将被传输到 reducer1 中(如图 3-2)。如果有必要聚合某种类型的值，那么你应该在 Mapper 类中设置相同的键。例如，如果你要计算文本中每个单词出现的次数，那么 **Mapper** 类中的键应该是单词本身。相同的单词被传输到相同的 Reducer 中，Reducer 可以计算从 Mapper 中传输过来的所有元组的总和。

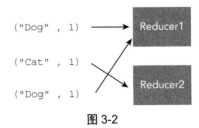

图 3-2

图 3-3 展示了 MapReduce 中数据流的整体抽象。正如你所看到的，MapReduce 数据流中的一个重要概念是键-值元组。一旦 Mapper 将存储系统中的记录转换成键-值元组，MapReduce 系统就会根据图 3-3 中描述的键-值元组抽象来操纵数据。

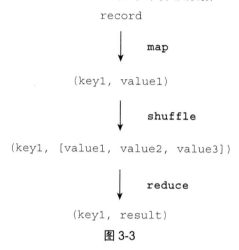

图 3-3

你可能会认为这种编程模型不够强大和灵活，因为唯一可以定义的事情就是如何将输入数据转换成键-值元组，以及如何从聚合的元组中得到结果。但是你确实可以编写出很多类型的应用程序来满足日常数据分析的需要。这在很多公司的 Hadoop 使用案例中都得到了证实。具体的 MapReduce 应用程序将在本章后面介绍。

3.1.2　架构

Hadoop MapReduce 目前运行在 YARN 上，这是由 Hadoop 项目开发的一个资源管理程序。YARN 管理着 Hadoop 群集的所有资源，同时调度着用户提交的所有应用程序。YARN 是一个通用的资源管理框架，而不是 MapReduce 应用程序专用的。最近，很多框架应用程序(诸如 Spark、Storm 和 HBase)都能够在 YARN 上运行。YARN 和 MapReduce 应用程序的概述如图 3-4 所示。

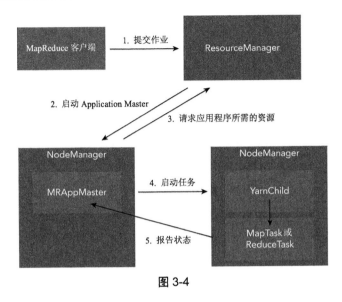

图 3-4

图 3-4 展示了 YARN 和 MapReduce 框架的使用情况。YARN 组件是永久守护进程，在应用程序完成后仍旧保持运行。让我们来看看 ResourceManager 和 NodeManager：

- ResourceManager：ResourceManager 管理 YARN 群集的整体内存和 CPU 内核。ResourceManager 决定了可以分配给每个应用程序的内存和 CPU 内核的数量。应用程序完成后，ResourceManager 收集每项任务生成的日志文件，这样你就可以找到应用程序中任何失败的原因。ResourceManager 是 YARN 群集的主服务器，通常一个 YARN 群集中只有一个 ResourceManager。

- NodeManager：NodeManager 管理具体的任务。在 application master 要求为每个任务启动一个称为容器的进程后，NodeManager 会在每个节点做同样的事情。NodeManager 在 YARN 群集中是从服务器。YARN 群集中服务器的增加通常意味着 NodeManager 管理的服务器在增加。YARN 群集在内存和 CPU 内核方面的总容量是由 NodeManager 管理的从节点数量决定的。

图 3-4 中所示的组件是暂时的，只有在应用程序运行时才是必要的。在应用程序成功运行完成后，这些组件会减少。YARN 上 MapReduce 应用程序提交的流程也在图 3-4 中进行了描述。

(1) 使用 ResourceManager 请求提交一个应用程序。当请求成功完成后，作业客户端会上传资源文件(例如 JAR 包和配置文件)到 HDFS 上。

(2) ResourceManager 向 NodeManager 提交请求，为 application master 启动一个容器来管理这个应用程序的所有过程。在 MapReduce 框架中，MRAppMaster 扮演了 application master 的角色。

(3) MRAppMaster 要求 ResourceManager 提供必要的资源。ResourceManager 回复容器的数量以及可用的 NodeManager 清单。

(4) 根据 ResourceManager 给出的资源，MRAppMaster 在 NodeManager 上启动容器。在 MapReduce 应用程序中，NodeManager 会启动 YarnChild 进程，YarnChild 运行一个具体的任务，例如 Mapper 或 Reducer。

(5) 当应用程序运行时，MapTask 和 ReduceTask 会向 MRAppMaster 报告进展。由于每个任务都会给出状态报告，因此 MRAppMaster 了解应用程序的所有进展。在 ResourceManager 的 Web UI 中可以看到进程，因为 ResourceManager 掌握着 MRAppMaster 运行到了什么程度。

在应用程序完成后，MRAppMaster 和每个任务进程将会清理应用程序运行过程产生的临时数据。日志文件将由 YARN 框架或者历史服务器收集，并在 HDFS 上存档。调查应用程序引入失败的原因是有必要的，这是 MapReduce 应用程序在 YARN 上所有运行过程的概述。在分布式应用程序(例如 MapReduce)中，资源管理的重要性你是了解的。在一个 YARN 群集上运行的应用程序中，必须要成功地分享内存和 CPU 内核的数量。这种资源的分配是由 ResourceManager 中的调度器管理的。目前 YARN 上有两种调度器的实现：

- Fair scheduler：Fair scheduler 尝试给每个用户分配固定额度的相同资源。这意味着一个比其他用户提交更多作业的用户并不能比其他一般用户得到更多资源。每个用户都有自己作业的资源池，这些作业放在资源池中。如果资源池不能获得足够的资源，那么 Fair scheduler 可以杀死使用太多资源的任务，并将资源给予无法获得足够资源的资源池。

- Capacity scheduler：Capacity scheduler 为所有用户准备了作业队列。每个队列均采用带有优先级的 FIFO(先进先出)算法。队列有一个分层结构，所以一个队列可能是另一个队列的子队列。由于给每个组织分配一个队列，因此你可以最大化地利用群集来为每个组织的 SLA 保证足够的容量。用户或组织可以将队列当作自己工作负载的一个独立群集。除此之外，Capacity scheduler 还可以为任意超出容量的队列提供免费资源。调度器可以将应用程序分配给未来时刻低于容量运行的队列。可以通过编写 `capacity-scheduler.xml` 文件完成调度器配置。`root` 队列是一个预定义的队列，所有队列都是 `root` 队列的子队列。

root 队列拥有群集的全部容量。root 队列的子队列根据 `capacify-scheduler.xml` 文件中设置的分配情况划分容量。可以像下面这样在 `root` 队列下新建队列：

```
<property>
    <name>yarn.scheduler.capacity.root.queues</name>
    <value>a,b,c</value>
    </property>
<property>
    <name>yarn.scheduler.capacity.root.b.queues</name>
```

```
<value>b1,b2,b3</value>
</property>
```

当在 `root` 队列下新建队列时，必须设置 `yarn.scheduler.
capacity.root.queues=a`。可以分级设置队列名，因此你可
以这样设置子队列的名字：`yarn.scheduler.capacity.root.
a.queues=a1,a2`。可以使用 `yarn.scheduler.capacity.
<queue-path>.capacity` 设置队列的资源容量。如图 3-5 所示，
同一层次队列的总容量必须是 100%。在图中的描述里，可以为队
列 b2 分配的整个群集的资源比例为：`0.4(40%) * 0.7(70%) =
0.28(28%)`。可以为每个队列设置最大和最小资源。Capacity
scheduler 可以为每个组织保障最小资源来满足 SLA(Service Level
Agreement，服务等级协议)。

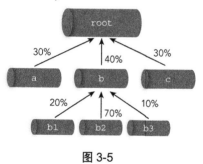

图 3-5

在本章的后面，我们将涵盖 MapReduce 体系架构，描述 shuffle
和 sort 机制，它们是 MapReduce 的核心系统。MapReduce 保证了所
有到 reducer 的输入都根据键进行了排序。这些在 map 和 reduce 之
间的 shuffle 阶段完成。shuffle 阶段通常会影响 MapReduce 应用程
序的整体性能。了解 shuffle 阶段的细节对优化 MapReduce 应用程
序是有用的。

MapReduce 应用程序需要从文件系统(例如 HDFS)读取输入文
件。HadoopMapReduce 使用类 `InputFormat` 定义每个 map 任务
读取输入文件的方式。

每个 map 任务处理 InputFormat 定义的输入文件的片段。这些片段称为 InputSplit，InputSplit 由 map 任务处理。InputSplit 包括片段的长度，其中长度以字节为单位，以及 InputSplit 所处主机名的列表。InputSplit 由 InputFormat 透明地生成，在很多情况下你不需要关注 InputSplit 的实现，因为 InputSplit 可通过 InputFormat#getSplits 获得。这由作业客户端调用，在 HDFS 上生成分片的元信息。application master 启动后，会从 HDFS 目录中获取分片的元信息。application master 把分片的元信息传递给每个 map 任务以读取相应字段。图 3-6 描述了分片信息的流程图。

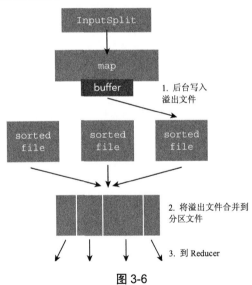

图 3-6

map 任务读取输入文件的分片。正如前面描述的，分片是整个输入文件的一部分。分片的大小通常与文件系统(例如 HDFS)中块的大小相同。如果想要使用 Hadoop MapReduce 尚不支持的新文本文件格式，那么你可以编写自己的 InputFormat 类。当缓冲区填充超出配置的阈值(`mapreduce.map.sort.spill.percent`)时，缓冲区的内容将输出到磁盘上。该文件称为溢出文件(见图 3-6)。磁盘写入可以在后台完成，因此除非内存缓冲区被填满，否则不会阻塞 map 处理。在写入溢出文件之前，会把记录排序并分区，接着分配给 reducer。如果有几个溢出文件，那么会将所有溢出文件合并成一个文件，然后将输出发送给 reducer。合并后的文件也将被排序并划分为分区，进而发送到相应的 reducer。

　　压缩 map 的输出是有效的，因为它减少了把 map 输出写到磁盘以及转移到 reducer 的时间。你可以使用 `mapreduce.map.output.compress=true` 来启用 map 输出压缩。它的默认值是 false，map 输出压缩使用的编解码器可由 `mapreduce.map.output.compress.codec` 设置。

　　reducer 必须获取 mapper 的所有输出才能完成应用程序，并且 reduce 任务的线程可用于将输出数据从 mapper 复制到本地磁盘。线程的数目由 `mapreduce.reduce.shuffle.parallel.copies` 控制。默认值是 5，复制阶段是并行进行的。当 mapper 的输出足够小，小到可以存储在内存缓冲区时，它将会存储在内存中。不然的话，会将其写入到磁盘(见图 3-7)。把 mapper 的所有数据都复制完后，`reduce` 任务将开始其合并阶段。所有内存或者磁盘中的 map 输出都应转换成 reducer 可读的格式。map 任务已经将记录排序。在合并阶段，reduce 任务将其合并成一个文件。但是最后传递到 reducer 的文件不一定是一个文件，甚至不在同一块磁盘上。如果合并文件的开销大于传递数据到 reducer 的开销，那么 reducer 的输入可以放在磁盘或者内存中。reducer 的输入可以由 `mapreduce.task.io.sort.factor` 控制。当合并阶段同时开始时，该值表示打开文件的数目。如果 mapper 的输出是 50，`io.sort.factor` 是 10，那么合并周期数是 5(50 / 10 = 5)。reduce 任务尽可能使用最少的周期合并文件。

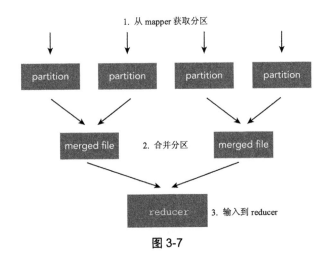

图 3-7

　　shuffle 阶段是 MapReduce 应用程序中最消耗资源的过程。使 shuffle 阶段更高效通常意味着会直接让整个 MapReduce 应用程序更高效。了解 MapReduce 应用程序体系架构的概括将有助于优化你的 MapReduce 应用程序。

3.2　如何启动 MapReduce 作业

　　现在，我们将介绍如何基于前面所讲的知识编写具体的 MapReduce 应用程序。Hadoop MapReduce 是一个简单的 Java 程序。除了前面描述的 MapReduce 体系架构以外，为了开发 MapReduce 应用程序，了解编写和编译 Java 程序的基本知识是必要的。实际的 MapReduce 应用程序包含在 Hadoop 项目下的 `hadoop-mapreduce-examples` 中。

　　如果已经正确安装 Hadoop，那么可以在 `$HADOOP_HOME/share/hadoop/mapreduce/hadoop-mapreduce-examples-*-.jar` 路径下找到 JAR 文件示例。可以使用 JAR 命令查看示例应用程序。

```
$ $HADOOP_HOME/bin/hadoop jar share/hadoop/mapreduce/
  hadoop-mapreduce-examples-3.0.0-SNAPSHOT.jar
```

示例程序必须作为第一个参数给出。有效的程序名称包括：

- aggregatewordcount：一个基于 map/reduce 的聚合程序，统计输入文件中的单词数。
- aggregatewordhist：一个基于 map/reduce 的聚合程序，计算输入文件中单词的直方图。
- bbp：一个 map/reduce 程序，使用 Bailey-Borwein-Plouffe 计算圆周率的精确数值。
- dbcount：一个示例作业，统计数据库的浏览量。
- distbbp：一个 map/reduce 程序，使用 BBP 型公式计算圆周率的精确数值。
- grep：一个 map/reduce 程序，统计输入中正则表达式的匹配数。
- join：一个排序后进行连接的作业，采用平均分区的数据集。

我们将描述 MapReduce 的经典入门程序：单词计数应用程序。单词计数应用程序统计文档中每个单词的出现次数。换言之，我们希望这个应用程序以如下方式输出：

```
"wordA"    1
"wordB"    10
"wordC"    12
```

接下来我们开始编写 map 任务。

3.2.1　编写 Map 任务

假设输入文件是简单的文本文件。在 map 任务中需要做的事情是形态分析。可以通过 Java 类 StringTokenizer 分割英文文本。

```
import org.apache.hadoop.io.IntWritable;
```

```
import org.apache.hadoop.io.Text;
import org.apache.hadoop.mapreduce.Mapper;
import java.io.IOException;
import java.util.StringTokenizer;

public class TokenizerMapper
        extends Mapper<Object, Text, Text, IntWritable> {
    private final static IntWritable one
        = new IntWritable(1);
    private Text word = new Text();
    @Override
        protected void map(Object key, Text value,
        Context context) throws IOException, ↵
        InterruptedException {
        StringTokenizer iterator
            = new StringTokenizer(value.toString());
        while (iterator.hasMoreTokens()) {
            word.set(iterator.nextToken());
            context.write(word, one);
        }
    }
}
```

map 任务必须继承 Hadoop MapReduce 中的 Mapper 类。Mapper 以泛型的方式接收输入和输出中的键值类型。Hadoop MapReduce 使用 TextInputFormat 作为默认的 InputFormat，TextInputFormat 以字节为单位进行分割。每个记录都是一个键-值元组，它的键是相对文件起始位置的偏移量，除了终止字符外，值是文本。例如，看下面这个例子：

```
My name is Kai Sasaki. I'm a software
engineer living in Tokyo. My favorite
things are programming and scuba diving.
Every summer I go to Okinawa to dive into the blue
ocean. I'm looking forward to the beautiful summer.
```

这个文本通过 TextInputFormat 以 5 个元组的形式传递给

Mapper。

```
(0, "My name is Kai Sasaki. I'm a software")
    (38, "engineer living in Tokyo. My favorite")
    (75, "things are programming and scuba diving.")
    (115, "Every summer I go to Okinawa to dive into the blue")
    (161, "ocean. I'm looking forward to the beautiful summer.")
```

每个键都是相对文件起始位置的偏移量。它并不是文件的行号。TokenizerMapper 定义输入的键和值分别为 Object 和 Text 类型。

在这种情况下，map 任务仅记录了每个单词的出现。map 的输出是一个元组，它以单词本身作为键，计数 1 作为值。TokenizerMapper 任务的输出如下所示：

```
("My", 1)
    ("name", 1)
    ("is", 1)
    ("Kai", 1)
    ...
```

如前面小节所述，输出会发送给 reduce 任务。含有相同键的元组会由同一个 reducer 收集，相同单词元组由同一个 reducer 收集。聚合具有相同单词键的所有元组到一台机器上计算总数是很有必要的。虽然某些类型的应用程序不需要 reduce 任务，但是聚合工作需要 map 任务之后的 reduce 任务。

3.2.2 编写 reduce 任务

正如 map 任务继承了 Mapper 类，reduce 任务类继承了 Reducer 类。Reducer 也接收泛型来指定输入和输出的键值类型。

```
import org.apache.hadoop.io.IntWritable;
    import org.apache.hadoop.io.Text;
    import org.apache.hadoop.mapreduce.Reducer;
    import java.io.IOException;
```

```
public class CountSumReducer extends
        Reducer<Text, IntWritable, Text, IntWritable> {
    private IntWritable result = new IntWritable();
    @Override
        protected void reduce(Text key,
            Iterable<IntWritable> values, Context context)
            throws IOException, InterruptedException {
        int sum = 0;
        for (IntWritable value : values) {
          sum += value.get();
        }
        result.set(sum);
        context.write(key, result);
    }
}
```

reduce 任务接收一个键和所有值的列表, 因此 reduce 被同一个键调用。reduce 任务的输入可以这样表示:

```
("My", [1, 1, 1, 1, 1, 1])
```

reduce 任务需要做的就是计算值列表的总和。输出也是一个元组, 其键是一个单词(Text), 值是出现的总数(IntWritable)。输出使用 Context#write 方法。为了存储结果, reduce 任务会复用 IntWritable, 因为每次调用 reduce 方法时都重新创建 IntWritable 对象是非常消耗资源的。

现在我们已经完成了编写 map 任务和 reduce 任务类。最后要做的事情是编写提交应用程序到 Hadoop 群集的 Job 类。

3.2.3 编写 MapReduce 作业

Job 类有一套关于 map 任务、reduce 类、配置值和输入输出路径的设置。

```
import org.apache.hadoop.conf.Configuration;
import org.apache.hadoop.fs.Path;
import org.apache.hadoop.io.IntWritable;
```

```
import org.apache.hadoop.io.Text;
import org.apache.hadoop.mapreduce.Job;
import org.apache.hadoop.mapreduce.lib.input.
  FileInputFormat;
import org.apache.hadoop.mapreduce.lib.output.
  FileOutputFormat;
public class WordCount {
public static void main(String[] args)
        throws Exception {
  Configuration conf = new Configuration();
  Job job = Job.getInstance(conf, "Word Count");
  job.setJarByClass(WordCount.class);
  // Setup Map task class
  job.setMapperClass(TokenizerMapper.class);
  job.setCombinerClass(CountSumReducer.class);
  // Setup Reduce task class
  job.setReducerClass(CountSumReducer.class);
  // This is for output of reduce task
  job.setOutputKeyClass(Text.class);
  job.setOutputValueClass(IntWritable.class);
  // Set input path of an application
  FileInputFormat
    .addInputPath(job, new Path("/input"));
  // Set output path of an application
  FileOutputFormat
    .setOutputPath(job, new Path("/output"));
  System.exit(job.waitForCompletion(true) ? 0 : 1);
  }
}
```

Job 类可以通过 Job.getInstance 静态方法实例化。Hadoop MapReduce 运行时必须在分布式群集上找到执行 MapReduce 应用程序的类。运行应用程序所需的类被归档为 JAR 格式，Job#setJarByClass 方法指定 JAR 文件包含 WordCount 类。Hadoop MapReduce 以这种设置运行时会自动发现必要的类路径。map 任务和 reduce 任务类由 setMapperClass 和

setReducerClass 设置。combiner 是通常在 map 任务和 reduce 任务之间的合并阶段使用的类。把 reduce 类设置为 combiner 类就足够了，因为它有助于优化 map 任务输出的压缩。无论你是否设置了 combiner 类，结果一定是相同的。MapReduce 应用程序的输入和输出以文件系统目录的形式指定，所以输入目录可以包含多个输入文件，这些输入文件是 WordCount 应用程序中的普通文本文件。输出目录包含结果文件和应用程序的状态。

```
-rw-r-r-- 1 root supergroup 0 2016-01-01 23:04
/output/_SUCCESS
-rw-r--r--  1 root supergroup 1306 2016-01-01 23:04
/output/part-r-00000
```

结果文件是 part-r-XXXXX 的形式。

使用 Apache Maven 编译 Hadoop MapReduce 应用程序是更好的选择。需要导入的依赖是 hadoop-client。在你的 pom.xml 文件中写入下面的依赖是必要的。

```
<dependencies>
  <dependency>
    <groupId>org.apache.hadoop</groupId>
    <artifactId>hadoop-client</artifactId>
    <version>2.6.0</version>
  </dependency>
</dependencies>
```

接下来，使用 maven 命令编译。

```
$ mvn clean package -DskipTests
```

运行 MapReduce 应用程序所需的文件是 JAR 归档文件，其中包括你编写的所有类。JAR 归档文件必须上传到客户端或者 Hadoop 群集的主节点上。可以使用 hadoop jar 命令运行应用程序。

```
$ $HADOOP_HOME/bin/hadoop jar \
```

```
/path/to/my-wordcount-1.0-SNAPSHOT.jar \
my.package.WordCount
```

3.2.4 配置

MapReduce 应用程序有很多配置。其中一些是用于优化性能的，另外一些是每个组件的主机名或者端口号。为了提高应用程序的性能，对配置进行修改通常是有利的。虽然通常对于普通工作负载来说，使用默认值就足够了，但我们还是要了解如何修改每个应用程序的配置。

Hadoop 准备了一个实用接口，以便通过命令行给出配置值。这个接口是 Tool，它有一个运行重写方法的接口。在使用 ToolRunner 运行 MapReduce 应用程序时，该接口很有必要，它可以解析命令行的参数和选项。结合 Configured 类，ToolRunner 设置的配置对象会自动基于命令行给出的配置。用 ToolRunner 实现的 WordCount 应用程序示例如下所示。

```
import org.apache.hadoop.conf.Configuration;
    import org.apache.hadoop.conf.Configured;
    import org.apache.hadoop.fs.Path;
    import org.apache.hadoop.io.IntWritable;
    import org.apache.hadoop.io.Text;
    import org.apache.hadoop.mapreduce.Job;
    import org.apache.hadoop.mapreduce.lib.input.
       FileInputFormat;
    import org.apache.hadoop.mapreduce.lib.output.
       FileOutputFormat;
    import org.apache.hadoop.util.Tool;
    import org.apache.hadoop.util.ToolRunner;
public class WordCountTool
        extends Configured implements Tool {
    public int run(String[] strings) throws Exception {
        Configuration conf = this.getConf();
    // Obtain input path and output path from
        // command line options
        String inputPath
```

```
        = conf.get("input_path", "/input");
      String outputPath
        = conf.get("output_path", "/output");
  Job job = Job
        .getInstance(conf, conf.get("app_name"));
job.setJarByClass(WordCount.class);
      job.setMapperClass(TokenizerMapper.class);
      job.setCombinerClass(CountSumReducer.class);
      job.setReducerClass(CountSumReducer.class);
      job.setOutputKeyClass(Text.class);
      job.setOutputValueClass(IntWritable.class);
  FileInputFormat
        .addInputPath(job, new Path(inputPath));
  FileOutputFormat
        .setOutputPath(job, new Path(outputPath));
  return job.waitForCompletion(true) ? 0 : 1;
}

public static void main(String[] args)
      throws Exception {
  int exitCode
        = ToolRunner.run(new WordCountTool(), args);
      System.exit(exitCode);
  }
}
```

可以使用-D property=value 格式的命令行给出配置。
WordCountTool 需要应用程序的名称、输入路径和输出路径。可
以通过 hadoop jar 命令传递这些配置。

```
$ $HADOOP_HOME/bin/hadoop jar \
      /path/to/hadoop-wordcount-1.0-SNAPSHOT.jar \
      your.package.WordCountTool \
      -D input_path=/input \
      -D output_path=/output \
      -D app_name=myapp
```

可以通过使用 Context#getConfiguration 方法从每个任

务中还原配置。运行应用程序所需的信息可以在 Configuration
对象上设置。因此，几乎所有的配置都必须通过 Configuration
对象传递。但有时想向应用程序传递一个较大的资源，例如二进制
数据，而不是字符串。其他数据可以从命令行准确地传递，但是像
这样过大的配置会增加 JVM 内存中任务的压力。将自定义资源传递
给每个任务是非常耗费资源的，这个问题的解决方案将在下一节介
绍。

3.3　MapReduce 的高级特性

现在我们研究一些你可以利用的 MapReduce 高级特性。

3.3.1　分布式缓存

分布式缓存把只读数据分发给从节点，每个任务都可能使用这
些数据。分布式数据归档在从节点上。为了节省群集内的网络带宽，
复制过程只运行一次，ToolRunner 可以通过-files 选项指定要
分发到群集中的文件。

```
$ $HADOOP_HOME/bin/hadoop jar \
        /path/to/hadoop-wordcount-1.0-SNAPSHOT.jar \
        your.package.WordCountTool \
        -files /path/to/distributed-file.txt
```

分布式文件可以存放在 Hadoop 集成的任何文件系统上，例如
本地文件系统、HDFS 和 S3。如果不指定协议，分布式文件会自动
存放在本地文件系统。可以使用-archives 选项指定归档文件，
例如 JAR、ZIP、TAR 和 GZIP 文件。也可以通过-libjars 选项在
任务 JVM 类路径中添加类。

分布式文件可以是私有的或公共的，而这个设置决定了分布式
文件在从节点上的使用方式。分布式文件的私有版本会缓存在本地
目录中，并且只有提交相应应用程序的用户可以使用该分布式文件。

其他用户提交的应用程序不能访问这些文件。因此，分布式文件的公共版本放在全局目录中，所有用户均可访问该目录，此访问控制功能由 HDFS 权限系统实现。

接下来，每个任务都会访问分布式文件，可以用相对文件路径完成还原。在上面的例子中，文件名是 distributed-file.txt。可以使用读取普通文本文件的方法获得该资源。

```
new File("distributed-file.txt")
```

ToolRunner(正确地说是 GenericOptionsParser)自动处理分布式缓存机制。可以专门在自己的应用程序中使用分布式缓存 API，有两种类型的分布式缓存 API：一种是把分布式缓存添加到应用程序的 API；另一种是从每个任务中引用分布式缓存数据的 API。前者可以用 Job 类设置，后者可以用 JobContext 类设置。

```
public void Job#addCacheFile(URI)
public void Job#addCacheArchive(URI)
public void Job#setCacheFiles(URI[])
public void Job#setCacheArchives(URI[])
public void Job#addFileToClassPath(Path)
public void Job#addArchiveToClassPath(Path)
```

在上述列表中，addCacheFile 和 setCacheFiles 方法添加文件到分布式缓存中。这些方法与在命令行上执行-files 选项的效果相同。addCacheArchive 和 setCacheArchives 与在命令行上执行 -archives 选项的效果相同，正如 addFileToClassPath 与-libjars 选项的效果相同。使用命令行选项与上面所示 Java API 之间的一个重要区别是，Java API 不会从本地文件系统复制分布式文件到 HDFS。因此，如果使用-files 选项指定一个文件，那么 ToolRunner 会自动将文件复制到 HDFS 上。然而，由于 Java API 自己无法在本地文件系统中找到分布式文件，因此必须指定 HDFS(或者 S3 等)路径。

以下是引用分布式缓存数据的 API：

```
public Path[] Context#getLocalCacheFiles()
public Path[] Context#getLocalCacheArchives()
public Path[] Context#getFileClassPath()
public Path[] Context#getArchiveClassPath()
```

这些 API 返回相应文件的分布式文件路径，它们在 Context 类中使用，分别传递给 map 任务和 reduce 任务。Mapper 和 Reduce 有一个 setup 方法，用于在每个任务中初始化对象。这个 setup 方法会在 map 函数执行之前被调用一次。

```
String data = null;
@Override
  protected void setup(Context context)
          throws IOException, InterruptedException {
      Path[] localPaths = context.getLocalCacheFiles();
      if (localPaths.length > 0) {
          File localFile = new File(localPaths[0].toString());
          data = new String(Files.readAllBytes
              (localFile.toPath()));
      }
  }
```

在 Hadoop 2.2.0 中，getLocalCacheFiles 和 getLocal-CacheArchives 已经废弃。建议使用 getCacheFiles 和 getCacheArchives。

3.3.2 计数器

为了调整应用程序，在需要时获取自定义指标是有必要的。例如，为了减少 I/O 过载，很有必要了解读/写操作的数量，而分片和记录的总数对于优化输入数据大小非常有用。计数器提供了这样一种功能，它收集用于衡量应用程序性能的任意类型的评价指标，并且可以设置应用程序专用计数器。为了提高数据集的质量，了解数据集中有多少无效记录也很有用。在本节中，我们将介绍如何使用预定义的计数器和用户定义的计数器。

下面介绍一些在 Hadoop MapReduce 中预定义的计数器。

- 文件系统计数器：有关文件系统操作的指标。该计数器包括读取的字节数、写入的字节数、读取操作的数量和写入操作的数量。
- 作业计数器：有关作业执行的指标。该计数器包括已启动 map 任务的数量、已启动 reduce 任务的数量、本地机架 map 任务的数量以及所有 map 任务花费的总时间。
- MapReduce 框架计数器：这些指标主要由 MapReduce 框架管理。该计数器包括已合并输入记录的数量、已花费的 CPU 时间和垃圾收集所用的时间。
- shuffle 错误计数器：该指标计算了在 shuffle 阶段发生的错误数，例如 BAD_ID、IO_ERROR、WRONG_MAP 和 WRONG_REDUCE。
- 文件输入格式计数器：应用程序使用 InputFormat 的指标。该计数器包括每个任务读取的字节数。
- 文件输出格式计数器：应用程序使用 OutputFormat 的指标。该计数器包括每个任务写入的字节数。

这些计数器由每个任务和整个作业计数。计数器的值是通过 MapReduce 框架自动计算的。

除了上述计数器，也可以定义自己的计数器。计数器含有组名称和计数器名称，可以通过 `Context#getCounter` 方法使用计数器。

```
context.getCounter("WordCounter", "total word
    count").increment(1)
```

作业完成后，可以从控制台或者作业历史服务器的 Web UI 确认输出，作业历史服务器将在下一节中介绍。

```
WordCounter
        total word count=179
```

也可以通过命令行获取计数器的值：hadoop job -counter。

3.3.3 作业历史服务器

作业历史服务器聚合了应用程序中每个任务生成的日志文件。通过查看日志文件调试应用程序或者保证其正确运行是很有必要的。当应用程序运行完成后，应用程序的日志文件通常会被删除，但是有必要在日志文件删除之前对它们进行收集，作业历史服务器会做这项工作。服务器聚合了每个应用程序的所有日志，并把它们保存在 HDFS 中。可以通过 Web UI 查看以前应用程序的日志(见图 3-8)。作业历史服务器的默认端口号是 19888。可通过 http://<Resource Manager hostname>:19888 访问。

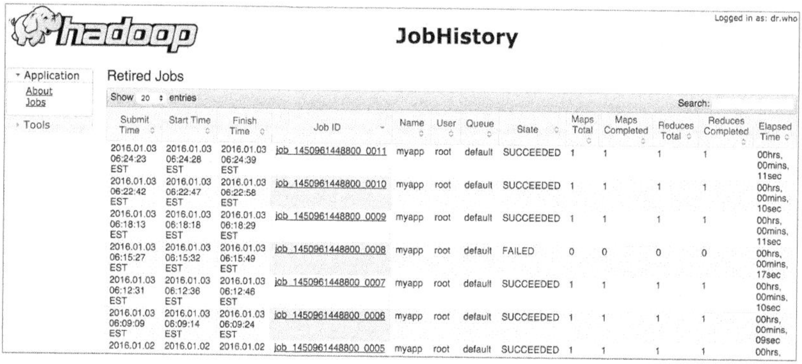

Submit Time	Start Time	Finish Time	Job ID	Name	User	Queue	State	Maps Total	Maps Completed	Reduces Total	Reduces Completed	Elapsed Time
2016.01.03 06:24:23 EST	2016.01.03 06:24:28 EST	2016.01.03 06:24:39 EST	job_1450961448800_0011	myapp	root	default	SUCCEEDED	1	1	1	1	00hrs, 00mins, 11sec
2016.01.03 06:22:42 EST	2016.01.03 06:22:47 EST	2016.01.03 06:22:58 EST	job_1450961448800_0010	myapp	root	default	SUCCEEDED	1	1	1	1	00hrs, 00mins, 10sec
2016.01.03 06:18:13 EST	2016.01.03 06:18:18 EST	2016.01.03 06:18:29 EST	job_1450961448800_0009	myapp	root	default	SUCCEEDED	1	1	1	1	00hrs, 00mins, 11sec
2016.01.03 06:15:27 EST	2016.01.03 06:15:32 EST	2016.01.03 06:15:49 EST	job_1450961448800_0008	myapp	root	default	FAILED	0	0	0	0	00hrs, 00mins, 17sec
2016.01.03 06:12:31 EST	2016.01.03 06:12:36 EST	2016.01.03 06:12:46 EST	job_1450961448800_0007	myapp	root	default	SUCCEEDED	1	1	1	1	00hrs, 00mins, 10sec
2016.01.03 06:09:09 EST	2016.01.03 06:09:14 EST	2016.01.03 06:09:24 EST	job_1450961448800_0006	myapp	root	default	SUCCEEDED	1	1	1	1	00hrs, 00mins, 09sec
2016.01.02	2016.01.02	2016.01.02	job_1450961448800_0005	myapp	root	default	SUCCEEDED	1	1	1	1	00hrs,

图 3-8

日志文件保存在 mapreduce.jobhistory.intermediatedone-dir 和 mapreduce.jobhistory.done-dir 配置的路径下。日志文件分为两种类型：中间文件和完成文件。中间文件是未完成的应用程序日志。这些日志文件由正在运行的应用程序生成。完成文件则由已经完成的应用程序生成。应用程序完成后，作业历史服务器将中间文件移动到完成目录。

作业历史服务器提供了 REST API，使得用户能够获得应用程序的总体信息和状态。表 3-1 中包含一些用于获取 MapReduce 相关信息的 API 列表。

表 3-1　获取 MapReduce 信息的 API

可用信息	REST API 的 URI
作业列表	http://<Job history server hostname>/ws/v1/history/mapreduce/jobs
作业信息	http://<Job history server hostname>/ws/v1/history/mapreduce/jobs/<Job ID>
作业配置	http://<Job history server hostname>/ws/v1/history/mapreduce/jobs/<Job ID>/conf
任务列表	http://<Job history server hostname>/ws/v1/history/mapreduce/jobs/<Job ID>/tasks
任务信息	http://<Job history server hostname>/ws/v1/history/mapreduce/jobs/<Job ID>/tasks/<Task ID>
任务尝试列表	http://<Job history server hostname>/ws/v1/history/mapreduce/jobs/<Job ID>/tasks/<Task ID>/attempts
任务尝试信息	http://<Job history server hostname>/ws/v1/history/mapreduce/jobs/<Job ID>/tasks/<Task ID>/attempts/<Attempt ID>

尝试 ID 反映了每个任务的实际执行情况。当发生故障时，一个任务可能有几次尝试。作业历史服务器还提供很多 API，所有的 API 都列举在官方文档中：http://hadoop.apache.org/docs/current/hadoop-mapreduce-client/hadoop-mapreduce-client-hs/HistoryServerRest.html。

可以通过应用程序任务查看计数器值的递增。接下来我们会查看 Apache Spark，并与 Hadoop MapReduce 进行简单对比。

3.4　与 Spark 作业的区别

Apache Spark 是下一代分布式处理框架。Spark 改善了 Hadoop MapReduce 最初面临的一些缺陷。为了操作每个任务而启动 JVM，或者在每个任务之间向分布式文件系统写入中间文件，往往会导致巨大的开销。这样的开销不适合机器学习计算的工作负载。Spark 引入了新一代基于内存的分布式计算引擎，但 Spark 现在是一个独立的生态系统和社区。Hadoop MapReduce 和 Spark 作业之间的主要区别如表 3-2 所示。

表 3-2　Hadoop MapReduce 和 Spark 作业之间的区别

Hadoop MapReduce	Spark 作业
在 HDFS 上写入中间数据	基于内存处理
Java API 和 Hadoop 流处理	Scala、Java、Python 和 R
在 YARN 上运行	以 YARN、Mesos 和 Standalone 方式运行
只设置 map 任务和 reduce 任务	灵活的任务抽象

Spark 作业的主要优势在于其复杂的 API 和快速的工作负载。在 Spark 作业中编写的核心代码行数通常要比 MapReduce 应用程序中少很多。尽管用 Scala 和 Python 编写 Spark 应用程序需要了解闭包和 lambda 函数的知识，但是这样会帮助你更容易地编写分布式应用程序。以下是我们前面所写的单词计数应用程序实例。

```
val wordCounts = textFile
                .flatMap(line => line.split(" "))
                .map(word => (word, 1))
```

```
                          .reduceByKey((a, b) => a + b)
wordCounts.collect
```

这是 Spark 获得如此多数据科学家和数据工程师关注的最大原因之一。但这里需要注意的一点是，Spark 相对于 Hadoop MapReduce 来说是一个较新的平台。在可扩展性和可靠性方面，Hadoop MapReduce 通常会优于 Spark 应用程序，所以最好基于你的工作负载来选择平台。

3.5　小结

在本章中，我们主要解释了 Hadoop MapReduce 的基础知识。了解 Hadoop MapReduce 的基础体系结构可以帮助你开发更好的应用程序。Hadoop MapReduce 依赖于其他的分布式框架，例如，HDFS 和 YARN。尽管本章中没有提到，但是 MapReduce 也可以运行在新的框架上。Apache Tez 和 Apache Spark 也可以作为支持 MapReduce 应用程序的执行引擎，所以 MapReduce 框架的用户在持续增长。

我们还讨论了如何编写 MapReduce 应用程序，说明了 MapReduce 虽然是一个简单的框架，但是它在开发和编写分布式平台的应用程序时却提供了足够的灵活性。

最后，为了比较和了解 MapReduce 与相对较新平台之间的差异，我们研究了 Apache Spark，目前这是一个正在积极发展并且值得关注的平台。

第 4 章

用 户 体 验

本章内容提要

- 使用 Hive 作为数据仓库
- 使用 Pig 进行数据分析
- 使用 Hue 进行基于 Web 的分析
- 使用 Oozie 进行作业管理

Hadoop MapReduce 程序的目标是低成本地处理大量数据。Hadoop 已经使用了近 10 年，它最初是把重点放在大规模并行处理上。正如在第 3 章中所述，每次都要使用 MapReduce 程序来处理和分析数据是很繁琐的。仅仅一个简单的单词计数程序就需要大量的编码、创建和部署过程，开发人员会厌倦这些重复性的任务。非开发人员，例如数据分析师或者一般用户，他们没有较强的开发背景，对于他们来说使用这种方法很痛苦。

普通用户并不需要知道 MapReduce 操作原理和 shuffle 阶段的

每个细节，例如为了从数据库中提取所需数值，就必须了解 Oracle 的操作原理。Hadoop MapReduce 框架通过划分工作实现容错和节点管理，使得开发人员可以只关注于逻辑。另一方面，Hadoop 相关项目提供了一个在数据流上使用的接口，无论任何复杂的事件都可以使用。

本章着重介绍 Hadoop 生态系统是如何改善用户体验的。Hadoop 生态系统一直在持续开发中，所以它得益于群集资源调配、数据收集、分析和可视化。使用如图 4-1 所示的整个生态系统建立自己的体系结构并不是必要的。大多数分析只需要结合几个生态系统就可以顺利进行。对于简单的数据分析来说，DBMS 或者 Excel 其实更有效率。因此，你必须根据数据的特点选择正确的生态系统。在本章中，我们介绍的内容会涵盖 Hive、Pig、Hue 和 Oozie，因为这些通常会在 Hadoop 中使用。让我们首先从了解 Apache Hive 开始。

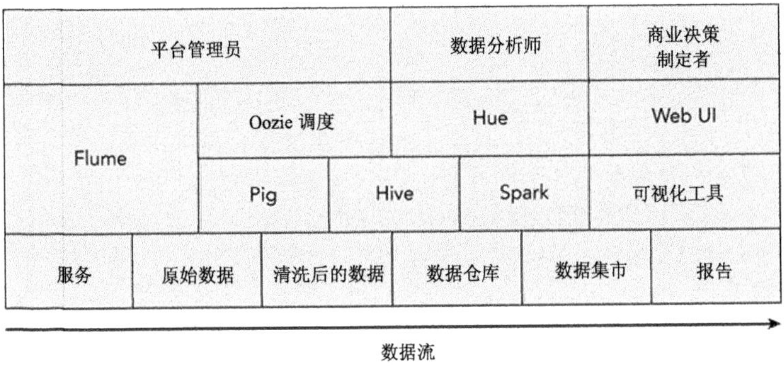

平台管理员			数据分析师	商业决策制定者	
Flume	Oozie 调度		Hue	Web UI	
	Pig	Hive	Spark	可视化工具	
服务	原始数据	清洗后的数据	数据仓库	数据集市	报告

数据流

图 4-1

4.1　Apache Hive

Apache Hive 类似于 SQL 语言。Hive 并不完全遵循 ANSI SQL 语法，但是它可以通过使用 Hadoop 生态系统的并行处理机制，把 SQL 语法转换成 MapReduce 作业。这不仅对运行现有系统的数据库

管理员有利,而且对使用 SQL 的普通用户也是有利的。由于 Hadoop
基本上是用于处理数据的应用程序,并且大多数数据仓库应用程序
已经实现了 SQL 语言,因此 Hive 是 Hadoop 生态系统中最有名和使
用最广泛的项目。

Hive 的简单体系结构图如图 4-2 所示。

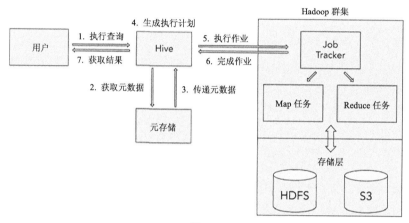

图 4-2

在使用 Hive 之前,先考虑以下方面:

- Hive 不 是 关 系 数 据 库 管 理 系 统 (Relational Database
  Management System,RDBMS)。尽管它使用了类似 SQL 的
  语言,但是大多数作业都转换成了 MapReduce 作业,遵循
  MapReduce 的性质。例如,RDBMS 中一句简单的 SELECT
  COUNT (*) 瞬间就可以得到结果,而在 Hive 中则需要启动
  过程,因为 Hive 在启动 map 和 reduce 时要花费很长时间。
  此外,Hive 目前尚未支持 COMMIT 和 ROLLBACK,而这对
  在线交易来说至关重要。
- Hive 基于文件工作。Hive 数据以 HDFS 或 AWS S3 文件的
  形式存在,Hive 表或分区在文件中以物理形式存在。因此,

外部因素可以转换 Hive 的数据集，Hive 也可以加载外部数据。

- 使用 Hive 内置的函数，可能很难获得所需结果。在这种情况下，Hive 支持用户定义函数(User Defined Function，UDF)和序列化器/反序列化器(Serializer/Deserializer，SerDe)。这将在本章的后面详细介绍。

4.1.1 安装 Hive

本书提供了 Hive1.2.1 的安装示例。Hive 的最新版本可以从这个链接下载：http://hive.apache.org/downloads.html。

(1) 下载 Hive 并解压缩：

```
$ wget http://www.us.apache.org/dist/hive/hive-1.2.1
/apache-hive-1.2.1-bin.tar.gz
apache-hive-1.2.1-bin.tar.gz
$ tar xvfz apache-hive-1.2.1-bin.tar.gz
```

(2) 设置环境变量(或者添加到你的 shell 配置文件)：

```
$ cd apache-hive-1.2.1-bin
$ export HIVE_HOME=$PWD
$ export PATH=$HIVE_HOME/bin:$PATH
$ export HADOOP_HOME=<your_hadoop_home> to conf/hive-env.sh
```

(3) 设置配置变量：

依据 conf/hive-default.xml 创建 conf/hive-site.xml，除了其中的 <property> 部分。

将你需要的属性添加到 hive-site.xml 文件。所有属性的列表在这个链接中：

```
https://cwiki.apache.org/confluence/display/Hive/Con
figuration+Properties
```

(4) 设置元存储配置。

Hive 采用嵌入式 Derby 数据库存储默认元数据，但是在生产环境中，建议你使用其他数据库。以下配置展示了如何通过 MySQL 使用 Metastore：

```
<property>
  <name>javax.jdo.option.ConnectionDriverName</name>
  <value>com.mysql.jdbc.Driver</value>
  <description>Driver class name for a JDBC
    metastore</description>
</property>
<property>
  <name>javax.jdo.option.ConnectionURL</name>
  <value>jdbc:mysql://dbAddress/metastore</value>
  <description>JDBC connect string for a JDBC
    metastore</description>
</property>
<property>
  <name>javax.jdo.option.ConnectionUserName</name>
  <value>hiveuser</value>
  <description>Username to use against metastore
    database</description>
</property>
<property>
  <name>javax.jdo.option.ConnectionPassword</name>
  <value>password</value>
  <description>password to use against metastore
    database</description>
</property>
```

4.1.2 HiveQL

正如前面提到的，Hive 用类似 SQL 的语言定义流程。它称为 Hive 查询语言(Hive Query Language，HiveQL)。其中的数据定义语言 (Data Definition Language， DDL) 和数据操作语言(Data Manipulation Language，DML)类似于 SQL。我们将在本章后面介绍 DDL 和 DML。如果你有兴趣了解 HiveQL 的完整描述，请单击此链接：

https://cwiki.apache.org/confluence/display/Hive/Lan
guageManual

1. Hive 命令行选项

通过使用命令行来执行 HiveQL 是最常采用的方法。在 Hive 批处理模式下，文件中的一条或多条 SQL 查询通过分号分隔，把查询作为参数的用户可以直接执行这些查询。交互式 shell 模式通常是运行即席查询时使用的会话类型。表 4-1 列出了在批处理模式下经常会使用的命令行选项。

表 4-1 批处理模式下的命令行选项

选项	描述	示例
-e <quoted-query-string>	命令行中的 SQL	hive -e 'SELECT a.col from tab1 a'
-f <filename>	文件中的 SQL	hive -f /home/hive/hiveql.hql
--hiveconf<property=value>	使用 Hive 配置变量	hive --hiveconf fs.default.name=localhost
--hivevar<key=value>	使用 Hive 变量	hive –hivevar tname="user"

在 Hive 交互式 shell 模式下，属性可以由 set 命令定义，包括 HiveQL 的执行和用于 UDF 的 JAR 文件(见表 4-2)。也可以通过在命令之前添加 "!" 来执行操作系统命令，或者通过 DFS 实现 HDFS 相关命令。

表 4-2　Hive 交互式 shell 模式属性

命令	描述	示例
exit or quit	退出交互式 shell	exit;
set<key>=<value>	设置配置变量的值	set hive.exec. parallel=true;
add JAR <Jar file location>	将 jar 文件添加到分布式缓存	add jar s3://mybucket/ abc.jar
list JAR	显示已经添加到分布式缓存中的 JAR 列表	list jar;
source<HQL file location>	从文件系统执行 HQL 脚本	source /home/ hadoop/ex.hql

2. 数据定义语言

数据定义语言(DDL)语句用于定义和修改数据结构，如创建、更改或删除数据库/表模式。在计算机上管理文档时，按项目根据任务和时间表划分分类文件夹下的文件是有用的。在使用 Hive 时，由表指定相关数据集的捆绑,并且绑定数据库管理的相关表也很方便。这种方法早已广泛应用了。

可以把它看作是一组相关表的数据库。Hive 会使用默认的数据库，除非通过 USE<database_name>语句指定一个数据库。当运行任何数据库相关命令时，可以使用 SCHEMA 关键字，而不是 DATABASE 关键字。这里是一些简单的数据库命令示例：

- CREATE DATABASE 语句：使用 IF NOT EXISTS 子句之后，即使有相同名称的数据库存在，也不会返回错误。可以使用 COMMENT 命令添加描述性注释。当创建数据库时，它会在 hive.metastore.warehouse.dir 中定义的目录

(默认值: /user/hive/warehouse)下创建 db_name.db 目录。可以使用 LOCATION 命令更改存储的位置。

```
CREATE DATABASE [IF NOT EXISTS] db_name
[COMMENT database_comment]
[LOCATION database_path]
[WITH DBPROPERTIES (key1=value1, ...)];
```

- ALTER DATABASE 语句: 这是在 DBPROPERTIES 中修改键-值对的命令, 但是不能更改其位置或数据库名称。

```
ALTER DATABASE db_name
SET DBPROPERTIES (key1=value1, ...);
```

- DROP DATABASE 语句: 请牢记, 除非数据库中已经没有任何表, 否则不能删除数据库。如果想要删除数据库和其中的所有表, 那么在命令的末尾附加 CASCADE 关键字。

```
DROP DATABASE [IF EXISTS] db_name [CASCADE];
```

Hive 不使用像 RDBMS 一样完全格式化的数据。它只是读取和写入文件。因此, 按照插入数据的格式定义表的模式很重要。Hive 表 DDL 可以指定行格式的终止键, 以便处理各种形式的输入文件, 并且通过指定分区避免扫描整个数据。此外, 使用 ORC(Optimized Row Columnar)和 Parquet 文件格式, 允许面向列的数据处理。下面的示例展示了使用表命令的方法。

- CREATE TABLE 语句: 定义了表的模式。Hive 支持各种列数据类型, 例如 String、Int、Timestamp 等。此外, 也支持像 Array 和 Map 这样的嵌套类型。这些复杂的数据类型可以将大量数据打包成一个单独的列, 但是运行重复操作时, 它会导致性能下降。

```
CREATE [EXTERNAL] TABLE [IF NOT EXISTS]
[db_name.]table_name(
```

```
   column_name data_type, ...)
[COMMENT table_comment]
[PARTITIONED BY (col_name data_type, ...)]
[STORED AS file_format]
[LOCATION table_path]
```

- ALTER TABLE 语句：可以使用它更改表模式，包括表名、添加/删除/修改列、分区和 SerDe 属性等。

```
ALTER TABLE table_name
SET property_name property_value
```

- DROP TABLE 语句：从元数据存储中删除表信息。请记住，在托管表的情况下，它会删除表位置的数据(文件)，但是对于外部表来说，它只删除了元数据。

```
DROP TABLE [IF EXISTS] table_name
```

Hive 在元数据存储中保存分区信息，但是新的分区可以直接添加到文件系统。因为 Hive 不知道新分区的信息，所以 HiveQL 定位这个分区后返回 null。在这种情况下，用户可以通过 ALTER TABLE table_name ADD PARTITION 命令手动添加分区，或者使用 MSCK REPAIR TABLE table_name 命令检查整个分区。

3. 数据操作语言

数据操作语言(DML)语句用于处理表中的数据。SELECT、INSERT、UPDATE 和 DELETE 是一些经典的例子。很难在这描述所有的指令，所以我们假设你已经有了基本的 SQL 知识并简单介绍一些特性。

- 动态分区插入：在使用 INSERT 向分区表中插入数据时，它可以手动指定分区。但在分区条目增加后很难管理。在这种情况下，可以使用动态分区插入语句，即把 hive.exec.dynamic.partition 配置为 true。通过

HiveQL，可以使用动态分区而不是使用多个语句，并且手动指定国家/地区编码。

以下是一个静态分区插入语句的示例：

```
FROM daily_Table
INSERT OVERWRITE TABLE to_table PARTITION
(dt='2016-05-26', ctCode='USA')
     SELECT col1, col2, col3 WHERE countryCode = 'USA'
INSERT OVERWRITE TABLE to_table PARTITION
(dt='2016-05-26', ctCode='FRA')
     SELECT col1, col2, col3 WHERE countryCode = 'FRA'
INSERT OVERWRITE TABLE to_table PARTITION
(dt='2016-05-26', ctCode='BEL')
     SELECT col1, col2, col3 WHERE countryCode = 'BEL';
```

以下是一个动态分区插入语句的示例：

```
FROM daily_Table
INSERT OVERWRITE TABLE to_table PARTITION
(dt='2016-05-26', countryCode)
     SELECT col1, col2, col3, countryCode;
```

当使用动态分区插入时要注意以下几点：

- 动态分区不能是静态分区的父级。
- 当动态分区值损坏时会出现故障。
- 当动态分区太多时会导致性能下降。

● 多表/文件插入：Hive 可以用单个语句把输出发送到多个表或文件系统。

```
FROM daily_Table
INSERT OVERWRITE TABLE to_table1 SELECT * WHERE ctCode
  = 'USA'
INSERT OVERWRITE TABLE to_table2 SELECT * WHERE ctCode
  = 'FRA'
INSERT OVERWRITE LOCAL DIRECTORY '/out/bel.out'
  SELECT * WHERE ctCode = 'BEL';
```

- 更新和删除操作：从 Hive 0.14 以后，更新和删除命令就已经可用了，但是你的表必须支持 ACID。

4.1.3 UDF/SerDe

UDF 和 SerDe 通过扩展帮助你使用 Hive 的功能。它们都包含内置函数，因此你可以使用它们实现自己的目的。

1. 用户定义函数

在 Hive 中，内置函数(见表 4-3)和用户定义函数称为 UDF。可以使用 SHOW FUNCTION 查询当前已加载的函数列表，也可以使用 DESCRIBE FUNCTION<function_name>查看相应 function_name 的描述文档。

表 4-3　内置函数

内置函数	描述	示例
数学函数	用于数学运算，例如平方根、四舍五入或者指数函数	round(DOUBLE a) sqrt(DOUBLE a) log2(DOUBLE a)
集合函数	在嵌套数据结构(例如 Map 或 Array)中进行操作的函数	size(MAP|ARRAY a) sort_array(Array a)
类型转换函数	使用该函数尝试将当前数据类型转换为另一种类型	cast('1' as DOUBLE)
日期函数	从字符串或者 Unix 时间相关函数中提取时间信息的函数	unix_timestamp() date_add(stringdate,'1')
条件函数	控制语句，例如 IF 或 CASE-WHEN-THEN	nvl(value, default_value) case a when b then c end
字符串函数	字符串操作函数	concat(string a, string b...) length(string a)

此外，还有内置聚合函数(UDAF)和内置表生成函数(UDTF)。例如，UDAF 的 sum0 从若干行数据中接收一列实现聚合，UDTF 的 explode() 把接收的数组作为输入并返回单个行。

当用户尝试直接写入 UDF 时，操作的处理顺序如下：

(1) 创建一个新类继承 org.apache.hadoop.hive.ql.exec.UDF 类。

(2) 实现 evaluate() 方法。

(3) 打包 JAR 文件并添加到类路径(或者上传到 HDFS、S3)。

(4) 使用 ADD JAR<jar_file_name>命令把 JAR 文件添加到分布式缓存。

(5) 使用 CREATE TEMPORARY FUNCTION AS<function_name> AS <class_name_including_package>命令注册你的函数名称。

2. 序列化器/反序列化器

Hive 通过 SerDe 访问表数据，SerDe 是允许在 HDFS 上处理文件的输入/输出接口。它通过 SerDe 的反序列化器，以行和列的形式显示从 HDFS 中读取的数据。在 HDFS 上写文件时会使用序列化器。与 UDF 类似，Hive 提供了内置的 SerDe，它通过使用 AvroSerDe、RegexSerDe、OpenCSVSerde 和 JsonSerDe 处理最常用的格式。

可以使用以下方法编写 SerDe：

- 创建一个新类继承 org.apache.hadoop.hive.serde2.SerDe 类。
- 实现 deserialize() 和 serialize() 方法。
- 打包 JAR 文件并添加到类路径(或者上传到 HDFS、S3)。
- 使用 ADD JAR<jar_file_name>命令把 JAR 文件添加到分布式缓存。

- 在创建表或更改表属性时，添加 ROW FORMAT SERDE 'serde_name_including_package'子句。

4.1.4 Hive 调优

可以使用没有特殊设置的 Hive，但如果想要了解 Hive 的属性，那么可以通过简单的设置来提升作业的性能。

- 分区：HiveQL 通过 Where 子句设置条件来提取所需数据。由于 Hive 要访问文件，因此如果到特定日期的表中提取数据，那么会引用相关表对应文件夹中的所有文件。通常在这种情况下要使用分区，分区会根据经常使用的某些条件(日期、时间、国家编码)进行细分，在表下形成物理文件夹。通过使用创建表(Create Table)语句中的 Partitioned By 语句创建分区，文件夹就会以<partition>=<value>的形式创建，并且多层次的分区也是可行的。如果实现 Select 查询时将分区条件包含在 Where 子句中，那么 Hive 在读取属于表的整个文件夹时，仅会访问满足给定条件的文件夹。大多数数据可以通过时间和编码标准信息划分，用户感兴趣的可能只是特定条件下的数据，因此精心设计的分区策略非常有助于减少作业执行时间。

- 并行执行：复杂的 HiveQL 通常会转化为多个 MapReduce 作业。它按默认顺序运行，但是有时会导致资源浪费。hive.exec.parallel 属性可以并行地执行独立作业。可以将其添加到 hive-site.xml 文件，或者使用 set hive.exec.parallel=true 命令来应用此选项。

- 使用 ORC 文件：虽然执行 HiveQL 时只选择了一列，但是文件是基于行保存的，它会访问整行并读取不必要的数据，所以性能会下降。列输入格式(例如 ORC)用于改善这种情况。如果使用 ORC，那么你会拥有很多优势，例如提升读/写性能、轻松地享用存储空间压缩所节省的空间。在创建表(CREATE TABLE)的语法中指定 STORED AS ORC，或者在修改表(ALTER TABLE)语句中添加 SET FILEFORMAT ORC。它还支持诸如 SNAPPY 或 ZLIB 等压缩方式。

- 小文件问题：Hadoop 专门为高容量系统设计，但是在处理大量分片小文件(而非大文件)时有两个问题。这两个问题是 NameNode 内存问题和性能问题，它们都会影响 MapReduce。在默认输入格式中，如 TextInputFormat，每个文件应该有至少一个分片。所以当启动大量 mapper 时，可能会导致 JVM 启动过载。

  为了解决这个问题，需要把 hive.hadoop.supports.splittable.combineinputformat 配置设为 true。启用这个属性会提升性能，因为这样 mapper 可以处理多个文件。

4.2 Apache Pig

Pig 是分析大块数据集的工具。它使用固有语言(Pig Latin)定义作业。类似于 Hive，它会在内部转换为 MapReduce，但是 Hive 使用的 SQL 是声明性的，而 Pig Latin 是过程语言。尽管对于用户来说，对 Pig Latin 的熟悉程度不如 SQL，但是在对拆分数据流执行不同处理或者读取非格式化数据时，Pig Latin 更有优势。

Pig 的简单架构图如图 4-3 所示。

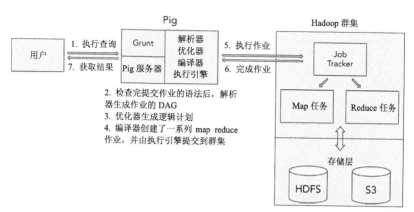

图 4-3

4.2.1 安装 Pig

接下来我们将介绍 Pig 0.15.0 安装示例。Pig 的最新版本可以从这个链接中获取:`http://pig.apache.org/releases.html`。

(1) 下载 Pig 并解压缩:

```
$ wget http://apache.mirror.cdnetworks.com/pig/
  pig-0.15.0/pig-0.15.0.tar.gz
$ tar xvfz pig-0.15.0.tar.gz
```

(2) 设置环境变量(或者添加到你的 shell 配置文件):

```
$ cd pig-0.15.0
$ export PIG_HOME=$PWD
$ export PATH=$PIG_HOME/bin:$PATH
$ export HADOOP_HOME=<your_hadoop_home>
$ export PIG_CLASSPATH=<your_hadoop_conf_dir>
```

(3) 确保安装是成功的:

```
$ pig -h
Apache Pig version 0.15.0 (r1682971)
compiled Jun 01 2015, 11:44:35
```

4.2.2 Pig Latin

Pig 把描述数据流的脚本转换成 MapReduce。Pig Latin 是在这个时候使用的语言。Pig Latin 可以通过少量的代码处理数据，并且描述作业时可以不考虑 MapReduce 架构。此外，可以使用 UDF 扩展 Pig Latin，也可以使用 Piggy Bank 收集有用的 UDF 或者直接写入 UDF。请参阅以下链接中 Pig Latin 的完整描述：

http://pig.apache.org/docs/r0.15.0/start.html.

1. Pig 命令行选项

从命令行执行的方法在 Pig 中最常用。默认情况下，Pig 以 MapReduce 模式运行，它可以通过-x 选项指定。

- 本地模式：它通过 pig -x local 命令运行，在本地文件系统执行单个 JVM。这种模式在原型设计和调试程序时是有用的。
- MapReduce 模式：它通过 pix -x mapreduce 命令或者不带选项运行。它使用群集计算资源和 HDFS。
- Tez 模式：使用 pix -x tez 命令在 Tez 框架上运行 Pig。

Pig 也有交互式 shell 模式和批处理模式。它是由输入类型区分的。

- 批处理模式：用来运行预先编写的 Pig Latin 文件。通过 pig<pigLatin_file_name>命令使用。当你执行包含多条查询的文件时，即使在作业中途失败，Pig 也会尝试运行文件中的所有作业。可以根据返回码分类：0 是成功、2 是所有作业失败，而 3 是部分作业失败。表 4-4 中列举了批处理模式下最常用的命令行选项。

表 4-4　命令行中的批处理模式

选项	描述	示例
-e(or -execute) <quoted-command-string>	待执行的命令	pig -e 'sh ls'
[-f] <filename>	从文件执行	pig [-f] <pig_script_location>
-p(or -param) <property=value>	使用 Pig 变量	pig -p k: ey1=value1 pigLatin.pig
-P(or -propertyFile) <property_file>	指定属性文件	pig -P pig.properties
-F(or -stop_on_failure)	当多条查询中有一个失败时就终止 Pig 作业	pig -F pig.properties

- 交互式 shell 模式：执行一个称为 Grunt 的 shell，在这种模式下，可以输入 Pig Latin 短语来"执行作业"。表 4-5 中列举了交互式 shell 模式中最常使用的命令。

表 4-5　交互式 shell 模式命令

命令	描述	示例
fs	使用 Hadoop 文件系统 shell	fs -ls
sh	使用 shell 命令	sh ls
exec	运行 Pig 脚本。脚本中的所有别名都引用 Grunt	exec<pig_script_location>
run	运行 Pig 脚本。所有别名对 Grunt 都可用	run<pig_script_location>
kill	终止相应 jobid 的 MapReduce 作业	kill<job_id>

编写 Pig Latin 时，需要按以下顺序定义处理逻辑。

(1) 指定输入数据：可以使用 Load 语句读取数据。A = LOAD 'inputfile.txt' USING PigStorage('\t')语句，从文件系统读取以 tab 分隔的 inputfile.txt，并存储在关系 A 中。

(2) 定义对已加载数据的处理：在表 4-6 中可以找到常用操作符的使用方法。

(3) 输出已处理的数据：使用 STORE 命令把结果保存到文件系统或者使用 DUMP 命令将其显示在屏幕上。

表 4-6　常用操作符

操作符	描述	示例
FILTER	选择满足条件的元组	X = FILTER A BY a1 >= 2016;
FOREACH GENERATE	对指定列进行操作	X = FOREACH A GENERATE a1,a2;
GROUP	聚合指定字段的数据	X = GROUP A BY a1;
DISTINCT	删除重复的元组	X = DISTINCT A;
ORDER BY	对给定的数据进行排序	X = ORDER A BY a1;

4.3　UDF

Pig 有一些对作业有帮助的函数。大多数情况下，可以通过内置函数或者由 Piggybank 提供的函数解决，但是有时必须创建自己的函数才能够解决问题。UDF 适用于这种情况，可以使用各种语言开发 UDF，例如 Java、Python 和 Ruby 等。

当用户尝试编写直接使用的 UDF 目录时，可以按以下顺序完成操作：

(1) 创建一个新类继承 org.apache.pig.EvalFunc(或者 FilterFunc)类。

(2) 实现 exec()方法。

(3) 打包 JAR 文件并添加到类路径(或者上传到 HDFS、S3)。

(4) 使用 REGISTER <jar_file_name>命令，将 JAR 文件注册到分布式缓存。如果使用非 Java 语言，那么需要在注册语句后附加上 USING 关键字。

4.4 Hue

Hue 提供了一个界面，可以让你使用基于 Web 的应用程序轻松地接触 Hadoop 生态系统。它将操作 HDFS 和管理用户的方式从 CLI 转变成了 GUI。可以在 Web 上直接执行 Hive、Impala 和 Spark 作业。此外，结果可以自动表示为图表，可以通过简单的操作制作统计图表。如果想知道 Hue 拥有哪些功能，请参考这个网站：

```
http://demo.gethue.com/#tourStep3
```

Hue 的简单架构图如图 4-4 所示。

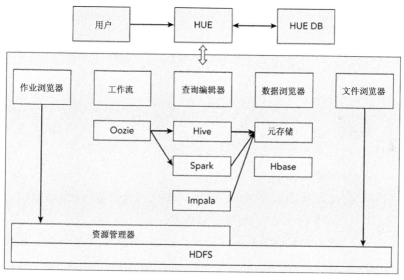

图 4-4

特点

Hue 使用起来很直观，为了便于使用，大多数功能都不需要学习，因为它运行的是 GUI(图形用户界面)环境。鉴于这些特点，Hue 主要负责提供终端用户使用的界面。在图 4-5 中，可以看到在 Hue 中执行 Hive 查询所生成的图表。

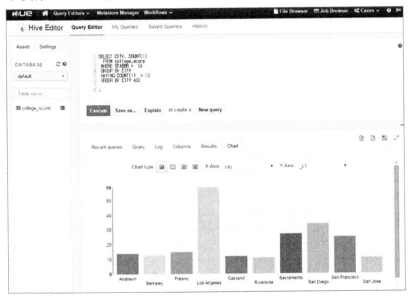

图 4-5

查看图 4-5 中所示的图表，可以看到在 Hue 中执行的 Hive 查询语句。

- 查询编辑器
  - 可以直接运行 Hive 和 Pig 脚本，Impala(Cloudera 公司的 MPP 解决方案)也可以查询。
  - 此外，传统的数据库查询，例如 MySQL 和 Oracle，也是可行的。
  - 将已编写的查询保存到文件系统，可以在作业历史记录中找回查询。

- · 作业设计器有助于在图形环境中定义简单的Oozie工作流作业。

- · 参数化支持。在执行给定变量的重复任务时，这个功能非常有用。例如，如果从日志中获取某个特定设备模型的计数，那么可以很方便地通过指定的变量重复使用。

- 数据浏览器
  - · 可以在数据浏览器中对 Hive 的元数据存储进行 CRUD 操作。
  - · 可以直观地看到所管理的数据库和表的结构，还可以检查示例数据。
  - · 可以浏览 Hbase 的表。
  - · 它支持由 Sqoop 管理的导入/导出作业。

- 工作流
  - · 这是 Oozie 作业相关的菜单。在 Dashboard(仪表盘)中，你可以检查工作流、协调器和绑定作业的列表。
  - · 单击每个作业，查看详细视图、状态、作业日志和提交的 XML 文件。
  - · Workflow Editor(工作流编辑器)可以管理 Oozie 作业。即使用户不熟悉 Oozie 也可以轻松地创建和使用自己的逻辑，因为不像传统的 XML 方法，它采用交互式用户界面定义作业。

- 文件浏览器
  - · 它提供了通过 Web 管理 HDFS 中文件的功能。创建、修改、删除以及权限更改都可以执行。
  - · 通过拖放即可上传文件。也支持解压缩已上传的文件。

- 作业浏览器
  - · 基于资源管理器中的信息显示作业列表。

- 可以单击作业 id 来查询任务的状态和日志。
- 通过用户名和包含文本进行搜索也是可行的。

4.5 Apache Oozie

Oozie 是面向 Hadoop 的工作流调度器。尽管 Hadoop 作业可以通过连接 map 和 reduce 执行，但因为编写和管理复杂业务逻辑的不便，使用调度器是必须的。因为 Oozie 支持 Hadoop 生态系统的大多数作业(例如 MapReduce、Spark、Pig、Hive、Shell 和 Distcp)，所以它得到了广泛应用。

Oozie 工作流作业是动作的有向无环图(Direct Acyclic Graphs，DAG)，通过将起始时间、结束时间以及接收工作流频率等参数作为变量，可以重复执行 Oozie 协调器作业。使用条件语句、比较语句和表达式语言(Expression Language，EL)都是可行的。有了这个属性，Oozie 可以轻松实现通用的业务逻辑，例如输入文件检查、每小时执行作业以及各种链式作业。

如果想使用 Oozie，需要考虑以下事项：

- 每个工作流动作会创建控制依赖 DAG。这也就意味着，只有第一个作业执行完才会执行第二个作业，且同一工作流中不会有循环。

- Oozie Web 控制台是很有用的工具，可以得到协调器/工作流的状态信息。Oozie Web 控制台默认是禁用的，因为 ExtJS 库的许可协议和 Oozie 不同。可以通过以下方式启用它：

```
$ mkdir libext
$ cd libext
$ wget http://extjs.com/deploy/ext-2.2.zip
$ cd ../bin
$ ./oozie-setup.sh prepare-war
```

Oozie Web 控制台的快照如图 4-6 所示。

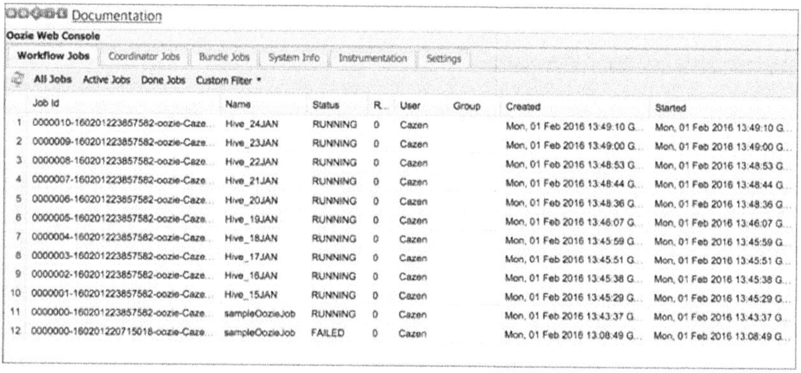

图 4-6

4.5.1 安装 Oozie

这是 Oozie 4.2.0 的安装示例。Oozie 的最新版本可以从这个链接下载：`http://oozie.apache.org/`。

(1) 下载 Oozie 并解压缩：

```
wget http://apache.mirror.cdnetworks.com/oozie/4.2.0/
  oozie-4.2.0.tar.gz
tar xvfz oozie-4.2.0.tar.gz
```

(2) 从源代码构建和安装 Oozie。构建之前从 `pom.xml` 中删除下列 codehaus 仓库：

```
<repository>
    <id>Codehaus repository</id>
    <url>http://repository.codehaus.org/</url>
    <snapshots> <enabled>false</enabled> </snapshots>
</repository>

bin/mkdistro.sh -P hadoop-2,uber -DskipTests
--cp distro/target/oozie-4.2.0-distro.tar.gz ../
cp -R distro/target/oozie-4.2.0-distro/oozie-4.2.0/
 ../oozie
cd ../oozie
```

(3) 设置环境变量(或者添加到你的 shell 配置文件)：

115

```
export OOZIE_HOME=$PWD
export PATH=$OOZIE_HOME/bin:$PATH
```

(4) 设置配置变量。将所需的属性添加到 `conf/oozie-site.xml`。

(5) 设置元数据存储和共享库配置。

通常情况下，Oozie 使用外部元数据存储。下面的配置是使用 MySQL 进行元数据存储的示例。为了使用外部元数据，libxt 文件夹中必须有正确的驱动程序。

```
<property>
    <name>oozie.service.JPAService.jdbc.driver</name>
    <value>com.mysql.jdbc.Driver</value>
</property>
<property>
    <name>oozie.service.JPAService.jdbc.url</name>
    <value>jdbc:mysql://dbAddress:port/database</value>
</property>
    <property>
    <name>oozie.service.JPAService.jdbc.username</name>
    <value>oozieuser</value>
</property>
<property>
    <name>oozie.service.JPAService.jdbc.password</name>
    <value>password</value>
</property>
```

(6) 设置库路径和代理用户：

```
<property>
    <name>oozie.service.WorkflowAppService.system.
      libpath</name>
    <value>hdfs://<namenode>:<port>/user/hadoop/
      share/lib</value>
    </property>
<property>
    <name>oozie.service.ProxyUserService.proxyuser.
      <oozieuser>.hosts</name>
    <value>*</value>
```

```
        </property>
<property>
    <name>oozie.service.ProxyUserService.proxyuser.
      <oozieuser>.groups</name>
    <value>*</value>
</property>
```

(7) 添加以下属性到 conf/hadoopconf/core-site.xml：

```
<property>
    <name>fs.default.name</name>
    <value>hdfs://namenode:port</value>
</property>
```

(8) 然后，创建数据库结构和共享库：

```
bin/oozie-setup.sh db create -run
bin/oozie-setup.sh sharelib create -fs namenodeurl:port
```

(9) 启动 Oozie 并检查状态。

```
bin/oozied.sh start
bin/oozie admin -oozie http://localhost:11000/oozie
  -sharelibupdate
```

执行该命令后，如果显示以下共享库列表，则意味着成功了：

```
$ bin/oozie admin -oozie http://localhost:11000/oozie
  -shareliblist
[Available ShareLib]
oozie
hive
distcp
hcatalog
sqoop
mapreduce-streaming
spark
hive2
pig
```

117

4.5.2 Oozie 的工作原理

Apache Oozie 是支持 Rest API 的 Web 应用程序,运行在 Tomcat 上(见图 4-7)。它包括 Oozie 服务器和客户端,并使用元数据存储 (RDBMS)。可以用 Oozie 执行一个简单的工作流作业,如下所示:

(1) Oozie 客户端使用 `Job.properties` 将作业提交到 Job Oozie Server。

(2) Oozie Server 执行作业,调用 ResourceManager。

(3) ResourceManager 使用接收到的信息执行 Oozie 启动器(仅 map 作业)。

(4) Oozie 启动器运行在工作流中定义的作业。

(5) 当任务已经完成或者失败时,它会调用指向 Oozie 服务器 的回调 URL。

(6) 确定完成任务。

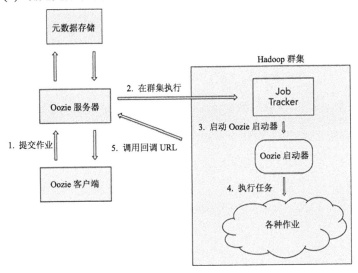

图 4-7

Oozie 一直遵从一条设计原则,即将调度器和作业分离。Oozie

启动器在群集中运行作业，因此诸如配置文件、`workflow.xml` 和 `coordinator.xml` 等应该放在 HDFS 上。此外，如果想要使用 JAR 文件，那么在 HDFS 的 `workflow.xml` 文件夹下创建 lib 文件夹，或者指定 `oozie.libpath job.properties`。

如果你需要添加工作流库，那么执行作业可能会很麻烦，但是 Oozie 通过使用共享库管理了最常使用的作业类型。在 HDFS 上创建的文件夹结构是通过类似以下方式产生的(最新版本已经在 lib 下添加了 `lib_timestamp` 目录用于版本管理)。

```
/user/oozie/share/lib/lib_20160126002346/hive
/user/oozie/share/lib/lib_20160126002346/hive/ST4-4.
  0.4.jar
/user/oozie/share/lib/lib_20160126002346/hive/
  activetion-1.1.jar
/user/oozie/share/lib/lib_20160126002346/hive/ant-1.
  9.1.jar
/user/oozie/share/lib/lib_20160126002346/hive/ant-
  launcher-1.9.1.jar
```

4.5.3 工作流/协调器

为了实现业务目标，必须完成一个或多个作业。例如，Pig 脚本可以通过分组和指定原始日志为外部表，得到保存在 HDFS 中的原始日志。也可以使用脚本添加分区、执行 Hive 作业、生成报告并通过邮件通知用户成功或失败。所有这些项目都可以绑定为一个工作流。也就是说，工作流是作业、控制和流程的集合。此外，上述的工作流在一定时间内定期执行，或者依赖于其他的工作流或数据。协调器是用来控制这种情况的。此外，绑定和设置协调器的情况也有，尽管我们在这里并不讨论。

1. 工作流

Oozie 工作流是用 XML 编写的，基于 xPDL(XML Process Definition Language，XML 进程定义语言)实现的，它包括两种类型

的节点：

- 动作节点：执行实际的作业，如 MR、Pig、Hive 和 SSH 等。
- 控制流节点：状态控制，例如启动(start)、分叉(fork)、连接 (join)、终止(kill)和结束(end)。

通过组合这些节点，可以定义工作流。下面是一个简单的 Hive 作业示例，作业成功结束，但留下的却是失败日志。

workflow.xml

```xml
<workflow-app xmlns="uri:oozie:workflow:0.3"
  name="sampleOozieJob">
    <start to="hive_sample_job" />
    <action name="hive_sample_job">
        <hive xmlns="uri:oozie:hive-action:0.2">
            <job-tracker>${jobTracker}:${jobTrackerPort}
                </job-tracker>
            <name-node>hdfs://${nameNode}:${nameNodePort}
                </name-node>
            <configuration>
        <property>
            <name>oozie.use.system.libpath</name>
            <value>true</value>
        </property>
        <property>
            <name>mapred.job.queue.name</name>
            <value>q2</value>
        </property>
        <property>
            <name>oozie.launcher.mapred.job.queue.name</name>
            <value>q1</value>
        </property>
            </configuration>
            <script>sample.hql</script>
            <param>targetDate=20160129</param>
        </hive>
        <ok to="end" />
        <error to="fail" />
```

```
    </action>
    <kill name="fail">
        <message>Job failed, [${wf:errorMessage
            (wf:lastErrorNode())}]</message>
    </kill>
    <end name="end" />
</workflow-app>
```

job.properties

```
jobTracker=<jobtracker_address>
nameNode=<namenode_address>
jobTrackerPort=<jobtracker_port>
nameNodePort=<namenode_port>
oozie.wf.application.path=hdfs://${nameNode}:${name-
    NodePort}/{location_of_workflow}
oozie.use.system.libpath=true
```

可以使用以下命令运行和检查 Oozie 工作流作业：

```
$ oozie job -oozie http://localhost:11000/oozie -config
    job.properties -run
job: 160106012758058-oozie-bpse-W
$ oozie job -oozie http://localhost:11000/oozie -info
    160106012758058-oozie-bpse-W
Job ID : 160106012758058-oozie-bpse-W
-----------------------------------------------------
Workflow Name : sampleOozieJob
App Path      : hdfs://10.3.50.73:8020/user/cazen/
Status        : RUNNING
Run           : 0
User          : hadoop
Group         : -
Created       : 2016-01-27 07:11 GMT
Started       : 2016-01-27 07:11 GMT
Last Modified : 2016-01-27 07:11 GMT
Ended         : -
CoordAction ID: -
```

121

```
Actions
------------------------------------------------------------
ID                 Status   Ext ID   Ext Status Err Code
------------------------------------------------------------
160106012758058-oozie-bpse-W@:start:           OK
------------------------------------------------------------
160106012758058-oozie-bpse-W@hive_sample_job   RUNNING
------------------------------------------------------------
```

2. 协调器

如果仔细检查上述的工作流示例，会看到已经将 `targetDate` 变量传递给了作业。协调器可以在由 `startTime`、`endTime` 以及频率所指定的时间执行工作流作业。以下展示了一个简单的协调器，它在确定时间调用作业，同时传递了一个变量：

coordinator.xml

```xml
<coordinator-app name="sample_oozie_coord"
  frequency="${coord:days(1)}"
start="2016-01-01T00:20Z" end="2016-12-31T00:25Z"
 timezone="UTC" xmlns="uri:oozie:coordinator:0.4">
   <action>
     <workflow>
       <app-path>hdfs://${nameNode}:${nameNodePort}
         /user/cazen/</app-path>
       <configuration>
       <property>
    <name>targetDate</name>
<value>${coord:formatTime(coord:dateOffset(coord:
  nominalTime(), -1, 'DAY'), 'yyyyMMdd')}
</value>
       </property>
      </configuration>
     </workflow>
   </action>
</coordinator-app>
```

```
coord.properties

jobTracker=<jobtracker_address>
nameNode=<namenode_address>
jobTrackerPort=<jobtracker_port>
nameNodePort=<namenode_port>
oozie.coord.application.path=hdfs://${nameNode}:${Port}
 /{location_of_workflow}
oozie.use.system.libpath=true
```

可以通过以下命令运行和检查 Oozie 协调器：

```
$ oozie job -oozie http://localhost:11000/oozie -config
  coord.properties -run
job: 160106012758058-oozie-bpse-C
$ oozie job -oozie http://localhost:11000/oozie -info
  160106012758058-oozie-bpse-C
Job ID : 160106012758058-oozie-bpse-C
------------------------------------------------------------
Job Name    : sample_oozie_coord
App Path    : hdfs://10.3.50.73:8020/user/cazen
Status      : RUNNING
Start Time  : 2016-01-01 00:20 GMT
End Time    : 2016-12-31 00:25 GMT
Pause Time  : -
Concurrency : 1
------------------------------------------------------------
ID             Status     Ext ID     Err Code Created Nominal Time
160106012758058-oozie-bpse-C@1    RUNNING
------------------------------------------------------------
160106012758058-oozie-bpse-C@2    READY
------------------------------------------------------------
160106012758058-oozie-bpse-C@3    READY
------------------------------------------------------------
160106012758058-oozie-bpse-C@4    READY
------------------------------------------------------------
```

4.5.4 Oozie CLI

可以通过 CLI 操作 Oozie，下面列出了经常使用的命令。使用别名并导出 OOZIE_URL 将会更方便。

```
Run a job             : oozie job -config job.properties -run
Check status          : oozie job -info <job_id>
Kill a job            : oozie job -kill <job_id>
Rerun a job           : oozie job -rerun <coord_id>
                        -action=<job_num>
Check err log         : oozie job -errorlog <job_id>
List all coordinator  : oozie jobs -jobtype coord
List all workflow     : oozie jobs -jobtype wf
Validate xml          : oozie validate workflow.xml
Update share library  : oozie admin -sharelibupdate
Check share library   : oozie admin -shareliblist
```

4.6 小结

本章关注用户体验，讨论了 Hadoop 环境中旨在提升用户体验的项目。利用名为 HiveQL 和 Pig Latin 的高层语言，Hive 和 Pig 使得用户能够利用脚本做分析，而无须费力地直接编写代码。Hue 则可以让用户通过 Web 界面完成 CLI 环境中执行分析和管理 HDFS 文件的操作。Oozie 有助于在生产中管理重复作业。这些项目可以在 Apache 许可证 2.0 下免费使用，而且很容易就能安装。

第 **5** 章

与其他系统集成

本章内容提要

- 将 Hadoop 融入现有的 IT 环境
- 连接 Hadoop 与结构化数据存储
- 让数据流入 Hadoop 数据湖
- 更快地移动数据、实时地处理数据

当组织需要更有效地管理海量数据时，就会将 Hadoop 引入该组织的 IT 环境。当然，贵组织的 IT 环境中已经存在数据库、企业数据仓库和其他 IT 系统。而且，新系统，特别是新兴的技术，可能会在不久的将来添加到数据中心中。

在使用 Hadoop 以前，组织在诸如 Teradata、Netezza 或者 Vertica 这样的供应商提供的数据仓库上运行分析型工作负载。将 Hadoop 添加到数据中心后，常见的做法是将繁重的抽取、转化和加载(ETL)过程迁移到 Hadoop。首先，从诸如关系型数据库管理系统(RDBMS)

这样的源系统中抽取数据到 HDFS 中(在第 2 章介绍过)。可以利用 Hadoop 的并行处理来将数据转换为目标数据模型。然后，将转换后的数据从 Hadoop 加载到数据仓库中。来自于 Hadoop 生态系统的 Apache Sqoop 就是可以用于这种集成的工具。本章首先介绍 Sqoop，了解它如何在 Hadoop 和诸如关系型数据库这样的结构化数据存储之间高效地传输大量数据。

除了数据库系统之外，应用服务器中也有组织想要捕获的数据。例如，可以收集 Web 服务器日志来进行网站用户点击流分析、网络安全和系统运行状态监控。Hadoop 的设计目标就是用于这种处理，因此本章还将介绍 Apache Flume，它的设计初衷就是一个将服务器日志源源不断地导入 Hadoop 的工具。

Hadoop MapReduce(在第 3 章介绍过)的设计目标是一种面向批处理的数据范式，它接收大规模的有限数据集并在一个批次中将其处理。它不支持流式处理，因为在流式处理中，连数据也是流式进入其存储的。在从业务事件发生到企业可以使用其分析结果进行决策的过程中，批处理自然是引入了高延迟。在互联网时代，业务变化更加迅速，因此需要准实时或实时地进行数据分析。新技术在 Hadoop 生态系统中不断涌现，它们增强了 Hadoop 的处理能力。例如，Apache Spark 使得 Hadoop 能够更快地处理数据。Apache Ignite 同时提升了计算层和存储层的性能。我们也将在这一章介绍另外两个来自 Apache 家族的兄弟：Kafka 和 Storm，它们一起使得数据更快地移动，以便实时处理。在本章中，我们将详细研究上面提到的所有技术，它们是 Hadoop 生态系统的一部分。

5.1　Apache Sqoop

Apache Sqoop 是一个为了高效地在 Hadoop 与结构化数据存储 (如 RDBMS、企业数据仓库、NoSQL 和大型主机系统)之间传输大量数据而构建的命令行工具。它在 2012 年 3 月成为了 Apache 的顶级项目。

　　Sqoop 开发之初是作为一种将数据从 RDBMS 传输到 Hadoop 的工具(其名称"Sqoop"实际意味着"SQL-to-Hadoop")。后来 Cloudera 公司将它提交到 Github 上成为一个独立的开源项目。它可以将 RDBMS 现有的表或数据库导入到 HDFS，甚至可以填充 Hive 或 HBase 中的表(见图 5-1)。这对那些刚刚建立了新群集的组织非常有帮助。反过来，Sqoop 也可以用于从 Hadoop 中导出数据到外部的结构化数据存储中。

图 5-1

　　撰写本书时，Sqoop 的最新稳定版本是 1.4.6。你可能也会注意到，下一版本的 Sqoop(又称 Sqoop2)也在积极的开发当中。在本书中我们专注于第 1 版，不涉及 Sqoop2 中的任何新特性。

工作原理

　　使用 Sqoop，可以从数据库或者大型主机系统中导入数据到 HDFS。对于此种输入，可以使用数据库表或者大型主机数据集。针对数据库，Sqoop 将数据表的内容逐行读取到 HDFS 中。针对大型主机数据集，Sqoop 将每个主机数据集的记录读取到 HDFS 中。此过程产生一组输出文件，包含了已导入表或数据集的副本。导入过程是并行执行的，因此将会输出到多个文件中。文件类型可以是带分隔符的文本文件(例如 CSV 或 TSV)、SequenceFile 或者 Avro 等。

　　在 Hadoop 中完成数据处理后(例如，使用 Hive 或 Pig)，你会得

到一个结果数据集，之后可以将其导入关系型数据库来供外部应用
程序或用户消费。Sqoop 的导出程序将从 HDFS 并行地读取一组带
分隔符的文本文件，将它们解析成记录，并将其作为目标数据库表
的新行插入，如果指定了列名作为更新的键，那么就会更新现有
的行。

如图 5-2 所示，从数据库到 Hadoop 的导入过程分两步完成。第
一步，对于要导入的数据，Sqoop 扫描数据库来收集必需表的元数
据。第二步，Sqoop 提交一个仅有 map 操作的 MapReduce 作业到
Hadoop。该作业使用 DBInputFormat，它支持通过 JDBC 与数据库
进行交互。只要安装了正确的 JDBC 驱动，Sqoop 就可以与任意由
JDBC 实现的数据库系统进行交互。DBInputFormat 是 InputFormat
的子类，它可以将输入(该处的输入是在数据库的表中)拆分为逻辑
的 InputSplits；每个分片将被分配到一个单独的 Mapper 中。当调用
Sqoop 导入命令时，它会检索表的元数据并生成一个类定义，用来
反序列化从 DBInputFormat 抽取出的数据，然后提交作业并开始导
入数据。该作业触发 Mapper 并行地将数据传输到 HDFS。通过在命
令行中指定参数，Sqoop 也能输出到 Mapper。

图 5-2

从 Hadoop 到数据库的导出过程也分两步完成，但与图 5-2 中描述的路径相反。第一步是扫描数据库来获得目标表的元数据，接下来的第二步是通过一个仅有 map 操作的作业来传输数据。Sqoop 在具体的 FileInputFormat 类的帮助下将输入数据集分为若干分片，然后使用单独的 map 任务将分片以配置好的 ExportOutputFormat 写入目标表中。请注意 DBOutputFormat 并不参与实际的写操作，它只用于 Sqoop 默认导出作业的配置。

下面以 MySQL 为例来看一下如何将数据导入 HDFS。

```
$ $SQOOP_HOME/bin/sqoop import --connect jdbc:mysql://
  mysqlhost/db --table employees --target-dir
   /sqoop/mysqlimport/employees
16/01/29 22:32:00 INFO sqoop.Sqoop: Running Sqoop
  version: 1.4.6
16/01/29 22:32:00 INFO manager.MySQLManager: Preparing
  to use a MySQL streaming resultset.
16/01/29 22:32:00 INFO tool.CodeGenTool: Beginning code
  generation
16/01/29 22:32:00 ERROR sqoop.Sqoop: Got exception
  running Sqoop: java.lang.Runtime Exception:
  Could not load db driver class: com.mysql.jdbc.Driver
java.lang.RuntimeException: Could not load db driver
  class: com.mysql.jdbc.Driver
```

从终端显示的错误消息来看，Sqoop 需要 JDBC 驱动程序以便与源数据库一起工作。在$SQOOP_HOME/lib 文件夹下安装驱动程序 JAR 包，然后重新运行导入命令：

```
$ ls  -l $SQOOP_HOME/lib/mysql*
-rw-r--r-- 1 sqoop hadoop  855946 Jan 29 22:34
  mysql-connector-java-5.1.13.jar

$ $SQOOP_HOME/bin/sqoop import --connect jdbc:mysql:
  //mysqlhost/db --table employees --target-dir
   /sqoop/mysqlimport/employees
```

```
16/02/09 23:12:06 INFO sqoop.Sqoop: Running Sqoop
version: 1.4.6
16/02/09 23:12:06 INFO manager.MySQLManager: Preparing
to use a MySQL streaming resultset.
16/02/09 23:12:06 INFO tool.CodeGenTool: Beginning code
generation
16/02/09 23:12:07 WARN manager.MySQLManager: It looks
like you are importing from mysql.
16/02/09 23:12:07 WARN manager.MySQLManager: This
transfer can be faster! Use the  --direct
16/02/09 23:12:07 WARN manager.MySQLManager: option to
exercise a MySQL-specific fast path.
```

Sqoop 识别出导入源是 MySQL，并且建议可以使用额外的选项 --direct 来使传输更快。通过 JDBC 传输大量的数据往往很低效，而数据库供应商通常会提供原生的实用工具来以更高性能的方式导入导出数据。通过使用选项--direct，Sqoop 会利用 mysqldump 来从 MySQL 向 Hadoop 导入数据，同时导出程序也会使用 mysqlimport。Sqoop 为优化与外部系统的连接提供了一种可插拔机制。它为构建新的连接器提供了便捷的框架，新的连接器可以放入 Sqoop 设施中来提供到各种系统的连接。Sqoop 本身捆绑了各种可以用于流行的数据库和数据仓库系统的连接器。除了内置的连接器，许多公司已经开发了他们自己的可插入 Sqoop 的连接器。包括从企业数据仓库系统到 NoSQL 数据库的专用连接器。为了在 Sqoop 作业中利用这些原生实用工具和优化的连接器，需要确保它们已经和 Sqoop 一起正确安装在 Hadoop 的工作节点(mapper 任务运行的地方)上。

5.2 Apache Flume

Apache Flume 是一个为了高效地收集、聚合和移动大量日志数据的分布式、可靠的、可用的服务。它拥有一个基于数据流的简单灵活架构。在可调的可靠性机制和多种故障转移与恢复机制的帮助下，它具有很好的鲁棒性和容错性。它使用简单的可扩展数据模型，允许在线的分析型应用程序。在 2012 年 7 月，它成为了顶级 Apache 项目。

　　Sqoop 允许用户抽取结构数据到 Hadoop 中，而 Flume 使用户能够抽取大量流数据到 HDFS、Hive 和 HBase 中(见图 5-3)。Flume 最初是由 Cloudera 公司创建的，它使得从许多分布式的数据源(例如，大型互联网公司的 Web 服务器)进行简单可靠的日志信息收集变为可能。同时在设计上，它可以针对其他典型的流式数据源(例如传感器和机器数据、地理位置数据和社交媒体的文章)进行扩展。Hadoop 是存储和处理大量此类异构数据的理想系统，但是并不能处理大量的低带宽连接和不断生成的小文件。而 Flume 就是为了应对所有这些挑战而设计的。

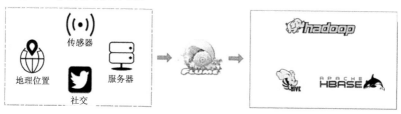

图 5-3

　　Flume 目前的稳定版本是 1.6.0。你可能会发现一些老旧的书籍、文档或网络博客提到"下一代 Flume"。实际上它指的就是当前版本的 Apache Flume(1.x)。早在 2011 年就有了下一代 Flume，这是与 Cloudera 在 2009 年开源的最初实现版本(1.0 版之前)相对比而来的。在本书中，我们仅讨论当前版本。

工作原理

　　从设计角度讲，Flume 是一个灵活的分布式系统，提供从多种不同来源高效收集、聚合和传送大量数据到集中式数据存储的可靠且可扩展的方式。以下是关键概念的列表。理解了这些概念，就可以更好地理解 Flume 的架构及其工作原理：

- 事件(Event)：Flume 从源头到目的地的数据传输单位。事件包含字节数组有效载荷和一个可选头，这个可选头是一个字符串键-值对的集合。
- 客户端(Client)：生成事件并将它们发送到一个或多个代理的实体。示例客户端之一就是 Flume log4j Appender。如果你的应用程序内嵌了 Flume 代理，那么无需客户端。
- 代理(Agent)：Flume 的部署单位，是一个托管源、通道、接收器和其他组件的容器(单个 JVM 进程)，这些组件使得事件能够从一个位置传输到另一个位置。
- 源(Source)：主动组件，从指定地点接收事件并将其放入一个或多个通道。
- 通道(Channel)：被动组件，缓存从源传来的事件直到它们被接收器消费完。
- 接收器(Sink)：主动组件，从通道中拉取事件并将它们传送到最终目的地或流中的下一个代理。
- 拦截器(Interceptor)：可选组件，可以在事件放入通道之前对其进行转换。
- 流(Flow)：从事件的源头到其最终目的地之间的管道。最简单的流只有一个代理。

表 5-1 是 Flume 代理中常用组件的一个汇总。可以参阅 Flume 的用户指南，来获得 Flume 支持的更全面的组件列表。和 Sqoop 一样，Flume 也是可扩展的。基于插件的架构使用户可以构建自定义组件。灵活的架构和那些可重用的组件允许你设计各种可能的部署方案。

表 5-1　常用的 Flume 代理组件

类型别名	描述	实现类
Source –avro	接收来自上游的 Avro 事件	org.apache.flume.source.AvroSource
Source –http	启动 HTTP 服务器并将 POST 请求转换为事件	org.apache.flume.source.http.HTTPSource
Source –jms	将 JMS 消息转换为事件	org.apache.flume.source.jms.JMSSource
Source –spooldir	监视某个目录并用目录下的数据文件生成事件	org.apache.flume.source.SpoolDirectorySource
Channel –memory	在内存中保存事件	org.apache.flume.channel.MemoryChannel
Channel –file	将事件持久化到本地磁盘来避免内存数据丢失	org.apache.flume.channel.file.FileChannel
Channel –kafka	使用 Kafka 缓存事件	org.apache.flume.channel.kafka.KafkaChannel
Sink –avro	向下游发送 Avro 事件	org.apache.flume.sink.AvroSink
Sink –hbase	将事件写入 HBase	org.apache.flume.sink.hbase.HBaseSink
Sink –hdfs	将事件写入 HDFS	org.apache.flume.sink.hdfs.HDFSEventSink

在图 5-4 中，你会看到将 Flume 用在日志收集中的一个常见场景。大量 Web 服务器(日志生成客户端)正在向几个 1 级代理发送数据，同时 1 级代理连接到 2 级代理，2 级代理整合数据，随后将其写入 HDFS。

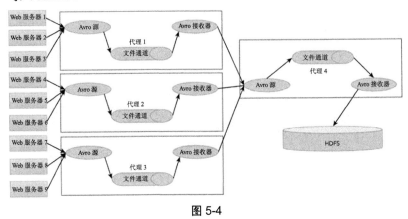

图 5-4

每个代理要使用一个称为 flume-ng 的 Flume shell 脚本启动。需要在命令行上指定代理名称、配置目录和配置文件：

```
$ $FLUME_HOME/bin/flume-ng agent -c <config-dir> -f
  <config-file> -n <agent-name>
```

配置文件遵循 Java 属性文件格式，并且描述了代理内的数据流。下面是一个配置文件的模板。

```
# list the sources, sinks and channels for the agent
<agent-name>.sources = <Source>
<agent-name>.sinks = <Sink>
<agent-name>.channels = <Channel1> <Channel2>

# set channel for source
<agent-name>.sources.<Source>.channels = <Channel1>
  <Channel2> ...
```

```
# set channel for sink
<agent-name>.sinks.<Sink>.channel = <Channel1>

# properties for sources
<agent-name>.sources.<Source>.<someProperty> =
  <someValue>

# properties for channels
<agent-name>.channels.<Channel>.<someProperty> =
  <someValue>

# properties for sinks
<agent-name>.sources.<Sink>.<someProperty> =
  <someValue>
```

基于该模板，图 5-4 中的代理 4 可被定义为：

```
agent4.sources = source-4-avro
agent4.sinks = sink-4-hdfs
agent4.channels = channel-4-file

agent4.sources.source-4-avro.channels = channel-4-file
agent4.sinks.sink-4-hdfs.channel = channel-4-file

agent4.sources.source-4-avro.type = avro
agent4.sources.source-4-avro.bind = localhost
agent4.sources.source-4-avro.port = 10000

agent4.channels.channel-4-file.type = memory
agent4.channels.channel-4-file.capacity = 1000000
agent4.channels.channel-4-file.transactionCapacity = 10000
agent4.channels.channel-4-file.checkpointDir =
  /mnt/flume/checkpoint
agent4.channels.channel-4-file.dataDirs = /mnt/flume/data

agent4.sinks.sink-4-hdfs.type = hdfs
agent4.sinks.sink-4-hdfs.hdfs.path =
  hdfs://namenode/flume/weblogs
```

Flume 提供基于通道的事务来保证可靠的事件传递。当事件从一个代理传送到另一个代理时，两个事务开始启动，一个在发送事件的代理上，另一个在接收事件的代理上。第一个事务是由发送端代理的接收器启动的，而第二个是由接收端代理的源启动的。第一个事务的提交依赖于第二个事务。如果接收端代理正确提交了事务(事件成功放入通道)，那么它会返回一个成功标识，然后发送端代理再提交它的事务。这确保了流所经过的主机有保证的传递语义。这种机制也构成了 Flume 中故障处理的基础。故障可以通过流从下游传播到上游。当上流代理不能向下游传递事件时(例如，由于网络连接错误)，它开始在其通道中缓存事件。一旦连接恢复，缓存的事件将会向最终的目的地流去。内存通道只是简单地将事件保存在内存中，这样比较快，但是，如果发生任何崩溃它就会无法恢复。因此，如果你需要稳定性和可恢复性，那么推荐使用文件通道，它受本地文件系统的支持。使用 Kafka 通道是一个更好的选择，因为 Kafka 是一个高吞吐量的分布式消息系统，具有很强的稳定性和容错能力保证。我们将在下一节继续讨论 Kafka。

5.3　Apache Kafka

Apache Kafka 是用于实时移动数据的高性能系统。从一个较高的层面看，Kafka 就像一个消息系统——客户端将消息发布到 Kafka 并且消息是以毫秒为单位传递的。但是 Kafka 的工作方式更像是分布式数据库：当你把消息写入 Kafka 时，Kafka 会把它复制到多个服务器并提交到磁盘。从设计上讲，Kafka 是一个现代分布式系统。群集弹性可扩展并能容错，而且应用程序可以透明地向外扩展来生产或消费大量分布式数据流。Kafka 已成为实时数据处理的关键驱动器。

　　Kafka 最初是由 LinkedIn 公司开发的，随后在 2011 年成为一个开源项目。2012 年 10 月，它从 Apache 孵化器"毕业"并开始在开源社区蓬勃发展。最初，Kafka 的设计目标是一个高效、可扩展的事件排队解决方案，用来在 LinkedIn 网站上跟踪用户活动。后来，扩展为向数据仓库和 Hadoop 供给所有活动数据，以便支持离线批处理分析。由于其较高的吞吐量、可靠的事件传递和水平可扩展性，Kafka 被广泛用作通用消息系统来支撑各种使用场景，包括：

- 网站活动跟踪
- 指标收集和监测
- 日志聚合
- 流处理和实时分析
- 物联网

　　Kafka 最初的几个工程师离开了 LinkedIn 并创办了一家公司 Confluent，专注于构建 Kafka 的生态系统来壮大其社区。该公司的主要产品是 Confluent Platform(见图 5-5)，它以 Kafka 为核心，还包括让 Kafka 适配企业环境的若干周边组件。Confluent Platform 是开源免费的，以 Apache 许可证发行。该公司为此平台提供商业支持，所以它的商业模式跟 Hortonworks 为 Hadoop 提供商业支持的模式相同。

　　Kafka 的最新版本是 0.9.0，而最新的稳定版本是 0.8.2.2。在这一节的讨论中，我们将使用 0.9.0 版本，因为在这个版本中引入了几个使得 Kafka 可用于企业环境的新特性。这些特性包括安全、用户定义的配额以及 Kafka Connect。

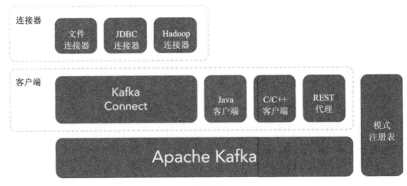

图 5-5

5.3.1　工作原理

Kafka 本质上为用户提供了一个分布式的、分区的和基于副本的提交日志服务。如图 5-6 所示，可以这样简单地描述它的高层设计。

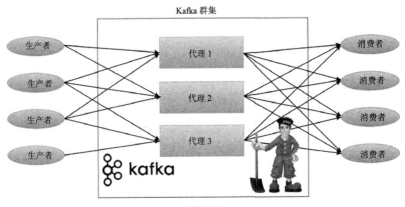

图 5-6

从架构的角度看，Kafka 提供了消息生产和消费的功能。主题(Topic)是消息发布到的类别或订阅源的名称。生产者(Producer)是发布消息到 Kafka 主题的客户端进程。消息(Message)是简单的字节数组，可以容纳任意对象的任意格式，例如：字符串、JSON 和 Avro。

消费者(Consumer)是订阅主题的客户端进程。Kafka 本身作为具有一台或多台服务器的群集运行，它的每个进程称为一个代理(Broker)。Kafka 维护多个称为主题的分类消息订阅。ZooKeeper 通常用于分布式系统的协调和管理，基于这个原因 Kafka 群集在使用它。ZooKeeper 用于管理和协调 Kafka 代理。从 0.9 版本开始,客户端(生产者和消费者)对 ZooKeeper 的依赖可以完全移除，但是它在 Kafka 群集内部是必需的。

　　主题可以分区，并且每个分区是一个有序的、不可变的、不断追加的消息序列——提交日志。分区中的每个消息按顺序分配一个称为偏移的 id 编号，作为其唯一标识。分区机制允许日志的规模超出单台服务器可容纳的大小。每个分区必须能被它的宿主服务器容纳，但是一个主题可能包含多个分区，因此它能处理任意数量的数据。日志的分区分布在群集中的代理上，与每个服务器一起处理数据和分区共享的请求。更多的分区允许更大的并行性。为了容错，一个分区可以在可配置数量的多台服务器之间复制。每个分区有一个代理扮演 Leader 的角色，0 个或多个代理扮演 Follower 的角色。Leader 为分区处理所有读取和写入请求，而 Follower 被动地复制 Leader。如果 Leader 出现故障，其中一个 Follower 将自动成为新的 Leader(由 ZooKeeper 协调)。每个代理在它的某些分区中充当 Leader 角色，并在其他分区中充当 Follower 角色，因此群集内可以达到良好的负载平衡。为了举例说明，让我们用 Kafka 命令行工具创建一个主题；创建跨两个代理且有两个分区和两个副本的 "mytopic"：

```
$ $KAFKA_HOME/bin/kafka-topics.sh --create --zookeeper
localhost:2181
--replication-factor 2 --partitions 2 --topic mytopic

$ $KAFKA_HOME/bin/kafka-topics.sh --describe
--zookeeper localhost:2181 --topic mytopic
Topic:mytopic    PartitionCount:2      ReplicationFactor:
```

```
2 Configs:
    Topic: mytopic      Partition: 0  Leader: 0
        Replicas: 0,1   Isr: 0,1
    Topic: mytopic      Partition: 1  Leader: 1
        Replicas: 1,0   Isr: 1,0
```

下面是输出的解释。第一行给出了所有分区的摘要，其他每行分别给出了一个分区的信息。

- Leader 是负责给定分区所有读写操作的代理节点。每个节点将成为随机选取的一部分分区的 Leader。
- Replicas 是复制该分区日志的节点列表，无论它们是否为 Leader 或者当前是否处于活跃状态。
- Isr 是处于同步状态的副本集。这是当前活跃并且紧跟 Leader 的副本列表的子集。

生产者负责选择将哪个消息分配给主题中的哪个分区。为了简单地平衡负载，可以通过轮询的方式完成，或者可以按照语义分区函数(基于消息中的某些键)完成。在可配置的时间段或数据大小内，群集保留所有消息，无论是否已经消费了它们。一旦达到配置的保留时间或数据大小，旧的消息将被丢弃以释放空间。

在每个消费者处保留的唯一元数据就是偏移量。消费者跟踪它在每个分区中已消费的最大偏移量，并定期提交其偏移量向量，以便万一发生重启，它可以从这些偏移量恢复。如果需要消费旧消息，消费者也可以重置消费的偏移量。从 0.9.0 版本开始，消费者偏移可以通过一个简化的专用 Kafka 主题来管理而无须使用 ZooKeeper，而这在之前版本的 Kafka 里被视为潜在的瓶颈。

作为分布式消息传递系统，Kafka 能够提供不同级别的消息传递保障。Kafka 在默认情况下保证至少一次传递(消息绝不会丢失，但有可能会重发)，并允许通过禁用生产者重试和在处理消息之前先提交其偏移量的方法实现最多一次传递(消息可能会丢失，但不会重发)。恰好一次传递(最强有力的保障，因为每个消息传递一次且仅传递一次)需要与目标系统配合，但是 Kafka 可以提供使其简单实现的偏移量。

5.3.2　Kafka Connect

Kafka 灵活且可扩展的设计允许消费者定期消费批量数据，并加载这些数据到类似 Hadoop 的离线系统中。

在 Kafka 0.9 之前，有两种方法将 Kafka 消息加载到 Hadoop：使用自定义的 MapReduce 作业或者在 Flume 中使用 Kafka 作为源。Camus 是第一种方法中最著名的解决方案，也是由 LinkedIn 发起的。从本章的上一节中你已经学到了 Flume 的工作原理。现在，你会发现 Flume 和 Kafka 的功能有明显的重叠。Flume 有许多内置的源和接收器，而 Kafka 源和接收器是其中之一。Flume 也可以使用 Kafka 作为可靠的通道。如果你已经配置好 Flume 与自己的 Hadoop 群集一起工作，那么 Kafka 就可以很容易地通过 Flume 与群集集成(见图 5-7)。

图 5-7

Kafka Connect 是 0.9 版本中添加的新功能。它是 Kafka 连接器的标准框架，规范了其他数据系统与 Kafka 的集成方式，从而简化了连接器的开发、部署和管理。你可能意识到 Kafka Connect 在系统间复制数据的主要目标，已经能通过各种框架和工具完成了。那么我们为什么需要另一个框架呢？在此功能最初的提案(KIP-26)中可以发现详细的动机和理由。简而言之，大多数现有的解决方案不能与 Kafka 理想地集成。Kafka Connect 抽象出了第三方连接器需要解决的普遍问题：容错、分区、偏移量管理和消息传递语义。

既然 Kafka 正在成为事实上的标准流数据存储，那么 Kafka Connect 将成为使 Kafka 变成不同系统之间的数据交换中枢的解决方案。

Kafka HDFS Connector 是为 Kafka Connect 创建的连接器之一，它将数据从 Kafka 移动到 HDFS，并能与 Hive 集成。连接器从 Kafka 中定期轮询数据然后写入 HDFS 中。每个 Kafka 主题的数据通过给定的分区器分区并划分成块。每个数据块对应一个 HDFS 文件，文件名中包含主题、Kafka 分区以及该数据块的开始和结束偏移量。如果没有在配置中指定分区器，那么将使用 Kafka 的默认分区器。每个数据块的大小是由写入 HDFS 的记录数、写入 HDFS 的时间以及架构兼容性决定的。此连接器可以选择性地与 Hive 集成。当启用时，连接器自动为 Kafka 的每个主题创建一个外部的 Hive 分区表并根据 HDFS 中可用的数据更新表。

Kafka JDBC Connector 是 Confluent Platform 附带的另一个连接器。它允许从任意兼容 JDBC 的数据库加载数据到 Kafka 中。数据的载入是通过定期执行 SQL 查询并在结果集内为每一行创建一个输出记录完成的。默认情况下，它会复制数据库中所有的表，将每个表复制到它自己的输出主题中，这使得很容易将整个数据库加载到 Kafka 中。它监控数据库中新建的和删除的表，并能自动调整。当从表中复制数据时，通过指定某些列来检测变化，连接器就可以仅加载新建的和修改的行。将 HDFS 和 JDBC 连接器一起使用，你就可以建立一个可扩展的数据管道，用来从 RDBMS 中导出数据并将这些数据加载到 Hadoop。这听上去是不是类似 Sqoop 的功能？的确是，但是它是用完全不同的方式实现的。与 Sqoop 不同的是，使用 Sqoop 时数据库记录的唯一目标是 Hadoop。而使用 Kafka Connect 时，目标可以是流处理系统，这体现了它特有的功能集。

5.3.3　流处理

在我们的上下文中，流处理是指对数据到达系统时产生的数据流的处理。它能够完成连续计算、实时数据处理和转换。Kafka 提供可靠的、端到端低延迟的消息传递。单个 Kafka 代理就能处理来自数千客户端每秒几百兆字节的读写。这使得流处理成为 Kafka 的常见使用场景，因为不论是作为流处理的源还是接收器，它都是最理想的系统。

流处理可以模型化为流之间的转换，看作是一个有向无环图(Directed Acyclic Graph，DAG)如图 5-8 所示。流处理作业不断读取一个或多个数据流，并产生一个或多个输出数据流。例如，从原始数据的主题开始消费数据，然后经汇集、丰富、过滤，最后转换为新的 Kafka 主题，以便进一步消费。像这样将数据发布回 Kafka 有很多好处。首先，它分离了处理过程的各个部分。一组处理作业可由一个团队写入，而另一组由另一团队写入。并且它们可以使用不同的技术来构建。最重要的是，我们不希望缓慢的下行处理器产生反向压迫，导致它的数据提供方被卡住。Kafka 就是扮演了这样一种处理器间缓冲区的角色，可以让组织畅快地分享数据。

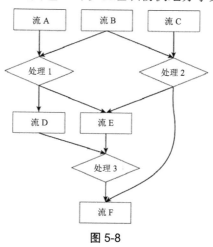

图 5-8

最基本的方法是写一个应用程序，直接使用 Kafka 的 API 创建一个自定义的消费者来读取输入数据流、处理输入，并作为一个自定义的生产者产生输出数据流。这可以用任意编程语言编写一个简单的程序来完成。然而，像 Strom、Samza、Flink 或 Spark 的 Streaming 模块这样的流处理框架提供了更丰富的流处理原语，在它们的帮助下，可以编写更简单和更可扩展的此类应用程序。它们都为 Kafka 提供了良好的集成。

5.4 Apache Storm

Apache Storm 是一个处理大量高速数据的分布式实时计算系统。Storm 使得可靠地处理无边界数据流变得简单，它在流处理中所做的工作与 MapReduce 在批处理中做的工作一样。Storm 提供了一套简单的 API，使得开发人员能够使用任意编程语言编写 Storm 拓扑。它为 Hadoop 生态系统增加了可靠的实时处理能力。利用 Storm，Hadoop 群集可以高效处理全方位的工作负载，从实时、交互到分批次。

2013 年 9 月，Storm 进入 Apache 软件基金会(Apache Software Foundation，ASF)作为一个孵化项目。2014 年 9 月，它成为了一个顶级 Apache 项目。在 Storm 的代码库中有几个主要分支：0.9.x 版本、0.9.6 版本(最新的稳定发行版本)和 0.10.X 版本。0.10.0 是另一个发行版本，包含了安全、多租户部署支持和几个性能提升的特性。1.x 版本定向于下一个主要发行版本(V1)，同时 2.x 版本也是如此，并且社区正积极地致力于将 JStorm 的代码仓库合并到 Storm 中。JStorm 最初是 Storm 的一个派生分支，由阿里巴巴公司用 Java 重新实现了原本用 Clojure 实现的核心模块。经过 4 年的活跃开发以及在阿里巴巴公司内部大规模的生产部署后，JStorm 已被证明更稳定、功能更丰富并且比 Storm 要更好。2015 年 10 月，JStorm 被正式捐赠给 Apache 基金会，并且社区决定将其合并到 Storm。在本书中我们使用 0.9.6 版本的 Storm。

过去的 10 年见证了数据处理的革命。Mapreduce、Hadoop 和 Spark 相关的技术使得存储和处理以前无法想象规模的数据变为可能。遗憾的是，这些数据处理技术不是实时系统，也注定不能成为实时系统。没有任何手段能将 Hadoop 变成一个实时系统。Spark Streaming 本质上仍是一个批处理系统。与批处理相比，实时数据处理有一系列完全不同的需求。然而，企业正变得越来越需要大规模的实时数据处理。"实时 Hadoop"的缺乏已经成为大数据处理生态系统的最大缺陷。Storm 填补了这个缺口。Storm 非常快，每个节点每秒能处理超过一百万条记录。它可扩展、能容错、保证对数据的处理并且易于配置和操作。

Storm 有许多使用案例：实时分析、在线机器学习、连续计算、分布式 RPC、ETL 以及其他。理论上，Storm 可以与任意消息队列和数据库系统集成。

5.4.1　工作原理

作为一个分布式计算系统，Storm 延续了经典的主从式架构。其中，有一个主节点，运行一个守护进程 Nimbus，负责在群集内发布作业、给机器分配任务并监视故障。有多个从节点，每个从节点运行一个守护进程 Supervisor。Supervisor 监听分配给其机器的工作，并根据 Nimbus 分配给它的内容按需启动和停止工作进程。Nimbus 和这些 Supervisor 之间的所有协作是通过 Zookeeper 群集(见图 5-9)完成的。另外，Nimbus 和 Supervisor 守护进程是可快速故障修复和无状态的，因为所有的状态都保存在 Zookeeper 或者本地磁盘上。即使 Nimbus 停止工作，这些 Supervisor 也将会继续运行。

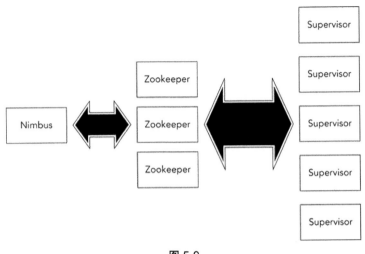

图 5-9

Storm 使用两种基本的编程原语来简化分布式和并行流处理：Spout 和 Bolt。Spout 是流的来源。例如，Kafka 可以是一种类型的 Spout。Bolt 消费任意数量的输入流，进行一些处理，然后可能产生新的流或者将数据写入数据存储。复杂的流转换可能需要多个步骤，因此也需要多个 Bolt(见图 5-10)。这些 Spout 和 Bolt 组成的网络被打包成一个拓扑结构(Topology)，它是提交到 Storm 群集上运行的最高级抽象。拓扑可以表示为计算图。每个节点是一个 Spout 或 Bolt，节点之间的边表示数据应该如何在它们之间传送。

Storm 使用元组(Tuple)作为其关键的数据结构，用来模型化拓扑中正在处理的数据。元组是值的命名列表，并且元组中的字段可以是任何类型的对象。Storm 支持所有的基本类型、字符串和字节数组作为元组字段值，开箱即用。它还允许你定义自己的元组类型。Spout 可以从数据源产生元组的流。Bolt 可以完成运行函数、过滤元组、流聚合、流连接以及数据库交互等之中的任何事情。

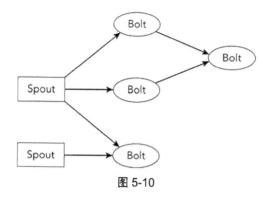

图 5-10

　　Storm 可以为单一拓扑生成跨不同 Supervisor 的多个工作进程。每个工作进程是一个可以生成一个或多个执行线程的物理 JVM 进程。对于相同的拓扑组件(Spout 或 Bolt)，每个执行线程可以运行一个或多个实际的数据处理任务。Storm API 允许你配置拓扑的并行度：工作进程的数量、执行线程的数量以及任务的数量。

　　Storm 提供不同种类的流分组策略，允许定义流如何在任务间切分以及元组应当如何从 Spout 到 Bolt 或从 Bolt 到 Bolt 进行移动操作。下面是分组策略的列表：

- shuffle 分组：元组随机分布在 Bolt 的任务中，并确保每个 Bolt 得到的元组数相等。
- 字段分组：流根据分组指定字段进行分区。指定字段值相等的元组总是分发到同一个任务中。
- 部分键分组：和字段分组类似，流根据分组中指定的字段进行分区，但它在两个下游 Bolt 之间是负载均衡的。当输入数据倾斜时，它能更好地利用资源。
- 全部分组：将流复制到 Bolt 的所有任务。
- 全局分组：将全部流都分配到 Bolt 的同一个任务。

- 直接分组：这是一个特别的分组类型。按照这种方式分组的流，意味着元组生产者决定由哪个消费者任务接收这个元组。直接分组只能用在那些已声明为直接流的流上。

- 本地或 shuffle 分组：如果目标 Bolt 在同一工作进程里有一个或多个任务，那么仅将元组移动到那些进程内任务。否则，这种行为就像一个正常的随机分组。

拓扑会一直运行，直到你杀死它。Storm 将自动重新分配任何失败的任务。另外，即使机器宕机或者丢弃了消息，Storm 也保证不会出现数据丢失。Storm 保证拓扑将会完全处理每个由 Spout 产生的元组。要做到这一点，它需要通过跟踪由每个 Spout 元组引发的元组树，从而确定该元组树何时顺利完成。每个拓扑具有与之关联的"消息超时"配置。如果 Storm 检测到 Spout 元组没有在超时时间内完成，那么它会放弃该元组并随后重新处理它。

Storm 代码库包含了一个子项目 storm-starter，这对你入门 Storm 编程很有用。官方文档还提供了一个常用拓扑模式的优质总结，结合前面介绍的概念，你可以建立一些令人激动的流处理应用了。

5.4.2　Trident

除了用于构建拓扑的普通 API，Storm 还提供了 Trident API，它是一个基于 Storm 的用于实时计算的高级抽象。如果你对像 Pig 或者 Cascading 这种高级批处理框架很熟悉的话，那么应该很容易理解 Trident 的概念。Trident 让你优雅地表达实时计算的同时仍能获得最佳的性能。它允许你以一种自然的方式建立容错的实时计算，而无须触及低等级 API 来控制流的分组并确认元组。除此之外，Trident 还增加了一些原语，用于基于任意数据库或者持久性存储进行有状态的递增式处理。更重要的是，Trident 拥有一致性(consistent)和有且仅有一次(exactly-once)的语义，这是普通 API 所不具备的。如果要开发一些有最强一致性要求的应用程序，那么你就应该使用

Trident API。

下面的代码片段展示了使用 Trident 实现的单词计数程序。

```
TridentTopology topology = new TridentTopology();
TridentState wordCounts =
    topology.newStream("spout1", spout)
      .each(new Fields("sentence"), new Split(), new
        Fields("word"))
      .groupBy(new Fields("word"))
      .persistentAggregate(new MemoryMapState.Factory(),
        new Count(), new Fields
        ("count"))
      .parallelismHint(6);
```

假设拓扑从 Spout 中读取一个包含句子的无限流。使用 Trident 流畅的 API，拆分句子和聚合可以仅在一行代码内完成。聚合起来的计算结果随后不断地持久化到状态里。在这个例子中，`MemoryMapState.Factory` 的意思是保存到内存里，但你可以很容易地用 Memcached、Cassandra 或者一些其他存储替换它。这只是 Trident API 的一小部分，更多的例子可以参考 storm-starter 项目。

5.4.3 Kafka 集成

Storm 社区提供了一系列的组件来与其他系统集成。其中有些组件随 Storm 内置。为了维持版本兼容性，它们作为 Storm 的串联外部模块发布。Storm 0.9.6 版本包含 3 个外部模块：storm-hbase、storm-hdfs 和 storm-kafka。0.10.0 版本包含了更多：storm-hive、storm-jdbc 和 storm-redis 等。并且未来的发行版将会包含更多。

在与 Kafka 集成方面，从图 5-8 可以很明显地看出，Kafka 既可以作为 Spout 又可以作为 Blot。storm-kafka 模块提供了这两种实现。下面看一下示例。在应用程序的 `pom.xml` 文件中，需要添加以下依赖：

```
<dependency>
```

```
        <groupId>org.apache.storm</groupId>
        <artifactId>storm-core</artifactId>
        <version>${storm.version}</version>
        <scope>provided</scope>
</dependency>
<dependency>
        <groupId>org.apache.storm</groupId>
        <artifactId>storm-kafka</artifactId>
        <version>${storm.version}</version>
</dependency>
<dependency>
        <groupId>org.apache.kafka</groupId>
        <artifactId>kafka_2.10</artifactId>
        <version>0.8.2.2</version>
        <scope>provided</scope>
        <exclusions>
            <exclusion>
                <groupId>org.apache.zookeeper</groupId>
                <artifactId>zookeeper</artifactId>
            </exclusion>
            <exclusion>
                <groupId>log4j</groupId>
                <artifactId>log4j</artifactId>
            </exclusion>
        </exclusions>
</dependency>
```

同时支持 normal spout 和 Trident Spout：

```
BrokerHosts hosts = new ZkHosts(zkConnString);//kafka
    zookeeper
//the Zkroot will be used as root path in zookeeper to
    store consumer offset for this spout.
//The clientId should uniquely identify your spout.
SpoutConfig spoutConfig = new SpoutConfig(hosts,
    topicName, zkRoot, clientId);
//deserialize the message as string
spoutConf.scheme = new SchemeAsMultiScheme(new
```

```
StringScheme());
//normal spout only accepts an instance of SpoutConfig
KafkaSpout kafkaSpout = new KafkaSpout(spoutConfig);


TridentKafkaConfig tridentSpoutConf = new
    TridentKafkaConfig(hosts, topicName);
tridentSpoutConf.scheme = new SchemeAsMultiScheme(new
    StringScheme());
//Trident spout takes TridentKafkaConfig
OpaqueTridentKafkaSpout spout = new OpaqueTridentKafka↵
    Spout(tridentSpoutConf);
```

要向 **Kafka** 中写入元组，可以使用 `storm.kafka.bolt.`
`KafkaBolt`。如果使用 **Trident** 的话，那么可以使用：

```
storm.kafka.trident.TridentState, storm.kafka.trident.
TridentStateFactory
```

或者：

```
storm.kafka.trident.TridentKafkaUpdater
```

```
KafkaBolt bolt = new KafkaBolt()
    .withTopicSelector(new DefaultTopicSelector(
    "testTopic"))
    .withTupleToKafkaMapper(new FieldNameBasedTupleTo↵
    KafkaMapper());//from the
    package storm.kafka.bolt.mapper

TridentKafkaStateFactory stateFactory = new
    TridentKafkaStateFactory()
    .withKafkaTopicSelector(new DefaultTopicSelector(
    "testTopic"))
    .withTridentTupleToKafkaMapper(new FieldNameBasedTupleTo↵
    KafkaMapper("word", "count"));//from the package
    storm.kafka.trident.mapper
```

5.5 小结

本章给出了如何将 Hadoop 与其他系统集成的全面介绍。我们介绍了 4 个来自 Apache 家族的开源项目：Sqoop、Flume、Kafka 和 Storm。Sqoop 的主要用途是在 Hadoop 和结构化数据存储(例如关系型数据库)之间传输大量数据。Flume 的主要用途是收集数据写入到 Hadoop。Kafka 和 Storm 甚至也可以作为连接 Hadoop 与其他系统的桥梁。所有这些都设计成可扩展的，以支持不同的数据源，但它们也有自己的独特设计和主要功能。Kafka 是流处理的关键驱动器，并可以作为中央信息枢纽。Storm 的设计目标是一个流处理引擎。Kafka 与 Storm 一起使用，可以更快地移动数据并实时地处理数据。现在，你应该更好地理解如何将 Hadoop 融入现有的 IT 环境，以及如何通过与这些技术集成来扩展其功能。

第 6 章

Hadoop 安全

本章内容提要

- 提升 Hadoop 群集安全性
- 提升群集中存储数据的安全性
- 提升运行在群集上的应用程序的安全性

因为 Hadoop 用于存储和处理组织的数据，所以增强 Hadoop 群集的安全性非常重要。安全性要求依群集上所存数据的敏感程度而变化。某些群集由极少用户处理单一用例时使用(专用群集)。其他一些群集是由隶属不同团队的许多用户使用的通用群集。专用群集的安全要求与共享群集不同。除了长时间存储大量数据外，Hadoop 也接受来自用户的任意程序，它们在群集的许多机器上作为独立的 Java 进程启动。如果不加以适当的约束，这些程序会对群集、数据和其他用户运行的程序产生不必要的影响。

Hadoop 最初开发时安全功能非常有限，但这些年来已经添加了许多安全功能。一直以来，新的功能不断添加而现有的功能不断增强。在本章中，我们将讨论 Hadoop 支持的各种安全功能。我们从边界安全开始来保护 Hadoop 群集的网络安全。我们将仔细研究 Hadoop 支持的用户身份认证机制。一旦正确识别了某用户的身份，授权规则就会规定该用户消费资源的权限和可以执行的行为。对用来与群集通信的信道可以应用不同等级的保护。由于 Hadoop 支持 RPC 和 HTTP 协议来服务于不同的请求，我们将学习如何为每个协议应用所需质量的保护。另外，我们将找到安全地将数据传入群集以及从群集传出数据的方法。

由于数据是 Hadoop 群集的主要资源，因此需要特别注意用来保护这些数据的功能。可以使用文件权限和访问控制列表(ACL)来对这些数据做访问限制。必须加密某些数据，而 HDFS 加密可以帮助你应对这种需求。用户可以提交包含任意数据处理逻辑的应用。为了保证认证和审计，应用程序需要使用提交者的身份执行。应用程序自己可以有 ACL，用来控制哪些用户可以修改应用程序和查看包括作业数量在内的应用程序状态。计算资源的访问也可以使用队列(Queue)和 ACL 来限制。

6.1 提升 Hadoop 群集安全性

Hadoop 群集可以由几百或几千台计算机"粘"在一起来提供大数据存储和计算。提升 Hadoop 群集的安全性涉及需要注意的若干件事，包括边界安全、服务器和用户的身份认证以及用户执行群集操作的授权。

6.1.1 边界安全

边界安全由组成群集的计算机的访问控制机制构成。Hadoop 群集由几百甚至几千台计算机组成，那么让我们看一下各种类型的群集分类(见图 6-1)。

- 主节点 (Master nodes)：主节点运行像 NameNode 和 ResourceManager 这样的 Hadoop 服务器。
- 从节点(Slave nodes)：从节点是主力工作机。像 DataNode 和 NodeManager 这样的 Hadoop 服务器运行在这些机器上。这些机器也运行用户应用程序，例如 MapReduce 任务。
- 边缘节点(Edge nodes)：在边缘节点上，用户执行 Hadoop 命令。
- 管理节点(Management nodes)：管理节点是那些管理员在上面执行安装、升级、维护等操作的机器。
- 网关节点(Gateway nodes)：像 Hue 或 Oozie 这样的服务器安装在网关节点上。这些服务器基于 Hadoop 提供更高级的服务。

对群集内机器的访问可以使用本地系统的防火墙和授权规则限制。防火墙规则限制来自防火墙外部对机器和端口的访问，授权规则限制尝试连接特定协议的用户(见表 6-1)。

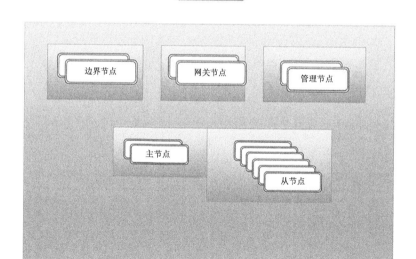

图 6-1

表 6-1　节点类型

节点类型	访问策略	示例
边界节点	允许授权的 Hadoop 用户从客户机使用 SSH 连接	Hadoop 客户机(CLI)
管理节点	允许授权的管理员从客户端使用 SSH 连接	Ansible/Puppet 主机
网关节点	允许从客户机访问严格定义的服务端口。允许授权的管理员从客户端使用 SSH 连接	Hive 服务器、Hue 服务器、Oozie 服务器
主节点	允许从边缘节点访问严格定义的服务端口。允许授权的管理员从管理节点使用 SSH 连接	NameNode、ResourceManager、Hbase 主节点
从节点	允许从边缘节点访问严格定义的服务端口。允许授权的管理员从管理节点使用 SSH 连接	DataNodes、NodeManagers、Region 服务器

6.1.2　Kerberos 认证

身份认证是系统或者服务识别其客户的过程。这通常包括客户端提供证据来支持其身份声明以及服务端在验证证据后确认该身份。

Hadoop 使用 Kerberos 进行身份认证。许多系统使用安全套接字层(SSL)做客户端/服务器身份认证。Hadoop 选择 Kerberos 而非 SSL 是基于以下原因：

- 更好的性能：Kerberos 使用对称密钥加密，因此它比使用非对称密钥加密的 SSL 快很多。

● 更简单的用户管理：它很容易通过禁用认证服务器上的用户来撤销用户访问。SSL 使用撤销列表，它难以进行同步，因此不可靠。

1. Kerberos 协议

Kerberos 是一个涉及三方的强认证机制，包括客户端、服务和认证服务器。认证服务器有两个组成部分：身份认证服务(AS)和票据授予服务(Ticket Granting Service，TGS)。认证服务器保存属于各方的密码，而客户端和服务器(服务)可以有多个。客户端、认证服务器和服务器(服务)之间的简单交互图如图 6-2 所示。

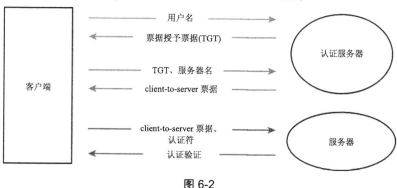

图 6-2

让我们仔细查看客户端向服务验证身份时所涉及的 6 个步骤。

(1) 客户机用户通过键入"kinit"开始认证过程。"kinit"提示输入用户密码，客户机上的 Kerberos 库将该密码转换成密钥。它将用户名发送给认证服务器。认证服务器从其数据库中查找该用户，读取相应的密码，并将该密码转换成密钥。认证服务器生成票据授予票据(Ticket Granting Ticket，TGT)。该 TGT 包含客户端 ID、客户端网络地址、票据有效期和 Client/TGS 会话密钥(Client/TGS Session Key)。该 TGT 将使用 TGS 的密钥进行加密。认证服务器还会发送使用客户端密钥加密的 Client/TGS 会话密钥。

(2) 客户端使用由自己的密码生成的密钥进行解密并获得 Client/TGS 会话密钥。使用该会话密钥解密从认证服务器收到的消息并从中获得 TGT，缓存 TGT 供后续使用。同时也要缓存该会话密钥以便用于与 TGS 通信。

(3) 当客户端需要向服务器(服务)验证身份时，客户端将其缓存的 TGT 和服务器(服务)的名字发送到认证服务器。它同时还发送由 Client/TGS 会话密钥加密保护的认证符。

(4) TGS 使用自己的密钥解密 TGT。TGS 从 TGT 中获得 Client/TGS 会话密钥。然后它使用 Client/TGS 会话密钥解密验证认证符。验证 TGT 有效后，认证服务器会检查其数据库中是否存在该服务器(服务)。如果存在，TGS 就会生成 client-to-server 票据。client-to-server 票据包含客户端 ID、客户端网络地址、有效期和 Client/Server 会话密钥(Client/Server Session Key)。它将使用服务器的密钥加密。认证服务器还会发送使用 Client/TGS 会话密钥加密的 Client/Server 会话密钥。

(5) 客户端将 client-to-server 票据发送到服务器(服务)。客户端也会发送认证符，包括客户端 ID、时间戳，并且使用 Client/Server 会话密钥加密。服务器(服务)使用自己的密钥解密 client-to-server 票据，获得 Client/Server 会话密钥。然后它使用 Client/Server 会话密钥验证认证符。它也会从 client-to-server 票据中读取客户端 ID。服务器(服务)递增在认证符中找到的时间戳并给客户端发送确认消息。这将使用 Client/Server 会话密钥进行加密。

(6) 客户端使用 Client/Server 会话密钥解密确认消息。客户端检查时间戳是否正确。如果正确，那么客户端就可以信任服务器(服务)，并且可以开始向服务器(服务)发出服务请求。

2. Kerberos 的优点

(1) 不需要用于认证的安全通信信道，因为密码从未从一方发送到另一方。

(2) Kerberos 很稳定并在所有平台上得到广泛支持。

3. Kerberos 的缺点

(1) 认证服务器是单一故障点。这可以通过使用复合认证服务器来缓解。

(2) Kerberos 具有严格的时间要求，所涉及主机的时钟必须在配置的范围内同步。

4. Kerberos 主体

Kerberos 系统上的标识称为 Kerberos 主体。主体可以有多个组件，它们用 "/" 分隔。最后一个组件是领域的名称，由 "@" 与主体的其余部分分开。领域名称用于标识 Kerberos 数据库，数据库中存有一组分层主体。Kerberos 主体的例子如下：

- `userA@example.com`：两 部 分 主 体， 表 示 属 于 领 域 example.com 的 userA。
- `hdfs/NameNode.networkA.example.com@example.com`: 三部分主体，表示运行在机器 namenode.networkA.example.com 上的某个服务。三部分主体通常与 Hadoop 服务器(例如 NameNode、DataNodes 和 ResourceManager)有关。

Kerberos 分配票据给 Kerberos 主体。在 Hadoop 群集中，所有的服务器和用户都应该拥有主体，并且理想状态下，每个服务器应该有唯一的主体。

5. Kerberos Keytab

如前所述，客户端提供密码来生成密钥，同时也获得了 Kerberos 票据。但对于像 NameNode 或 DataNode 这样长期运行的服务来说，它们需要定期更新票据，每当需要新票据时都人工提供密码是不现实的。

keytab 可以解决这个问题。keytab 是包含多对 Kerberos 主体和主体密钥的加密副本文件。该密钥来源于主体的密码。所以 keytab 是非常敏感的文件，并应像密码一样受到保护。当主体的密码改变时，也应使用新的密钥更新 keytab 文件。

所有的 Hadoop 服务器应该拥有主体和包含该主体及其密钥的 keytab 文件。Hadoop 服务器使用 keytab 来保持相互认证。那些运行定期作业的无需人为干预的用户也可以使用 keytab。

6. 简单认证和安全层(SASL)

简单认证和安全层(Simple Authentication and Security Layer，SASL)是一个可被应用程序协议重用的认证和数据安全框架。SASL 框架中可以插入不同的身份验证机制。加入了 SASL 的应用程序可以潜在地使用 SASL 支持的任何认证机制。这些机制还能提供数据安全层来确保数据完整性和数据保密性。

Hadoop 使用 SASL 来为其通信协议(RPC)和数据传输协议加入安全层。利用 SASL，Hadoop 支持了 Kerberos 和 Digest-MD5 认证机制。

Hadoop 中的认证顺序是基于 SASL 的，大体流程如下所示：

(1) 客户端连接到服务器并说，"嗨，我要进行认证"

(2) 服务器说："好的！按优先顺序排列，我支持 Digest-MD5 和 Kerberos。"

(3) 客户端说："太棒了，我没有 Digest-MD5 令牌，那么让我们使用 Kerberos 吧。我把 Kerberos 服务票据和验证符发给你。"

(4) 服务器说："很好，那个服务票据看起来有效并且我识别出你是用户 A。让我把从认证符中得到的时间戳数值增加后发给你。"

(5) 客户端说："收到了。现在我相信你已经验证了我的身份而且你的确是服务器 A。让我们马上开始应用程序协议吧。这是我的应用程序的具体请求。"

(6) 服务器说："太棒了。让我来处理那个请求。"

一般的 SASL 协议遵循以下顺序：

- 客户端：初始化
- 服务器：挑战 1
- 客户端：响应 1
- 服务器：挑战 2
- 客户端：响应 2

直到认证完成前可能有任意个{CHALLENGE, RESPONSE}对。

7. Hadoop Kerberos 配置

让我们看看如何在 Hadoop 中配置 Kerberos 认证。

为了触发上述 SASL 交互，所有 Hadoop 服务器和客户端的 core-site.xml 文件都需要做以下改变。

```
<property>
        <name>hadoop.security.authentication</name>
        <value>kerberos</value>
</property>
```

任何对 Hadoop 进行请求的客户端必须确保他们拥有有效的 Kerberos 票据。Hadoop 服务器需要在配置和相关 keytab 的位置中指定它们唯一的主体。NameNode 将使用 hdfs-site.xml 中的下述配置来指定其主体和 keytab。

```
<property>
        <name>dfs.namenode.kerberos.principal</name>
        <value>hdfs/_HOST@YOUR-REALM.COM</value>
</property>
<property>
        <name>dfs.namenode.keytab.file</name>
        <value>/etc/hadoop/conf/hdfs.keytab</value>
</property>
```

需要注意的是要将主体指定为 hdfs/_HOST@YOUR-REALM.COM。

当 Hadoop 服务器启动时, 会将_HOST 替换为 Hadoop 服务器的完全限定域名(fqdn)。

8. 以编程方式访问安全群集

一些用例需要通过程序访问 Hadoop。当与安全群集工作时, 客户端必须向 Hadoop 服务器进行身份验证。客户端必须出示有效的 Kerberos 票据, 假定运行该程序的用户可以访问 keytab, 那么有两种方法可以确保获得能够通过服务器身份验证的有效 Kerberos 票据:

(1) 像 k5start 这样的实用程序使用 keytab 并在当前票据过期前定期缓存有效的 Kerberos 票据。该程序将在缓存中查找 Kerberos 票据并使用它。

(2) 程序本身将使用 keytab 并获得票据。为此, 必须使用 UserGroupInformation.loginUserFromKeytab(principal, keytabFilePath) 方法。调用此方法时将获得 Kerberos 票据。

6.1.3 Hadoop 中的服务级授权

一旦客户端通过验证, 它的身份就已知道。现在, 授权规则/策略可以应用到允许或限制对资源的访问中。Hadoop 有两个层次的授权: 服务级授权和资源级授权。在处理请求时, 就在身份认证之后首先应用服务级授权策略。服务级授权确定用户是否可以访问特定的服务(例如 HDFS)。这通过与该服务相关联的访问控制列表(ACL)实现。资源级授权是更细粒度的, 它通过与资源相关联(例如 HDFS 中的文件)的 ACL 实现。

1. 启用服务级授权

服务级授权可以通过 core-site.xml 中的以下配置启用:

```
<property>
        <name>hadoop.security.authorization</name>
        <value>true</value>
```

```
</property>
```

此配置需要出现在所有必须执行授权的 Hadoop 服务器上。ACL 在名为 `hadoop-policy.xml` 的文件中指定。改变 `hadoop-policy.xml` 后，管理员可以调用命令 `refreshServiceAcl` 让更改生效，无须重新启动任何 Hadoop 服务。

2. 启用服务级授权的好处

服务级授权就在身份认证之后应用。因此，未授权的访问在服务器上很早就会遭到拒绝。例如，通过使用 `security.client.protocol.acl`，试图访问 HDFS 中文件的未授权用户在身份认证后就会被拒绝访问。如果禁用服务级授权，那么为了找到与该文件关联的访问控制列表(ACL)，需要询问 HDFS 命名空间，而这需要更多的 CPU 周期。

3. 访问控制列表

服务级授权策略以访问控制列表(ACL)的形式指定。ACL 通常指定用户名列表和组名列表。如果用户在用户名列表中，那么允许该用户访问。如果不在，那么取出该用户的所有组并检查该用户的某个组在 ACL 的组名列表中是否存在。

用户和组的列表是使用逗号分隔的名称列表，两个列表之间用空格分隔。例如，`hadoop-policy.xml` 中的以下条目限制有限的一组用户和组访问 HDFS。

```
<property>
    <name>security.client.protocol.acl</name>
    <value>userA,userB  groupA,groupB</value>
</property>
```

若只指定组名列表，组名列表应该以空格开头。特殊值*意味着所有的用户都可以访问该服务。在 Hadoop2.6 之前，*是 ACL 的默认值，这意味着允许所有用户访问该服务/协议。从 Hadoop2.6 开始(包括后续版本),可以不使用*而使用属性-security.service.
authorization.default.acl 指定默认的 ACL 值。

4. 用户、组和组成员

ACL 在很大程度上依靠组,考虑到会有大量用户需要访问服务
/协议,因此以逗号分隔列表的形式指定一长串用户是不现实的。与
其在 ACL 中管理一长串用户名,不如简单地指定一个组并将这些用
户添加到该组。

Hadoop 如何获取用户的组? Hadoop 依赖于名为
GroupMappingServiceProvider 的接口。此接口的实现可以通
过此配置插入:

```
<property>
        <name>hadoop.security.group.mapping</name>
        <value>org.apache.hadoop.security.JniBased
        UnixGroupsMapping</value>
    </property>
```

默认的实现是 ShellBasedUnixGroupsMapping,它执行
shell 命令 groups 来获取给定用户的组成员身份。

5. 阻断 ACL(blocked ACL)

使用 Hadoop2.6 时,通过指定 ACL 可以列出禁止访问服务的用
户。阻断访问控制列表的格式与访问控制列表的格式是相同的。该
策略的键是通过添加 ".blocked" 后缀形成的。例如,对应
security.client.protocol.acl 的阻断访问控制列表的属性
名称是 security.client.protocol.acl.blocked。

对于某个服务,可以同时指定 ACL 和阻断 ACL。如果某个用
户在 ACL 中,他会得到授权;如果他在阻断 ACL 中,他就不会得
到授权。如果没有指定阻断 ACL,你也可以为之指定默认值,然后
将空列表作为默认的阻断 ACL。

指定下面的配置将使除了 `userC` 用户和 `groupC` 组成员之外的所有人有权访问 HDFS 客户端协议：

```
<property>
     <name>security.client.protocol.acl</name>
     <value>*</value>
   </property>
<property>
     <name>security.client.protocol.acl.blocked</name>
     <value>userC  groupC</value>
  </property>
```

如果匹配了默认的 ACL 规则，那么会忽略 `security.client.protocol.acl` 中的条目。

6. 使用主机地址限制访问

从 Hadoop2.7 发布起，可以基于访问 Hadoop 服务的客户端 IP 地址来做访问控制。可以通过指定一系列 IP 地址、主机名或 IP 范围来限制一组计算机访问服务。IP 范围可以用 CIDR 格式指定。属性名称与相应 ACL 中的属性名称相同，只是使用单词"hosts"替换了单词"acl"。例如，对于协议 `security.client.protocol`，主机列表中的属性名称将是 `security.client.protocol.hosts`。

例如，把下面的代码片段加到 `hadoop-policy.xml` 中可以将允许访问 HDFS 客户端协议的主机 IP 限定在 162.34.31.0-162.34.31.255 范围内。

```
<property>
     <name>security.client.protocol.hosts</name>
     <value>162.34.31.0/24</value>
  </property>
```

与 ACL 类似，通过指定 `security.service.authorization.default.hosts` 可以定义默认主机列表。如果未指定默认值，则采用值*，它允许所有 IP 地址的访问。

你也可以指定阻断主机列表。只有那些在主机列表中且不在阻断主机列表中的机器能够访问服务。属性名称采用添加.blocked 后缀的方式。例如，针对协议 security.client.protocol 的阻断主机列表的属性名称将会是 security.client.protocol.hosts.blocked。也可以为阻断主机列表指定默认值。

下列 hadoop-policy.xml 中的条目确保只允许 IP 处于 162.34.31.0-162.34.31.255 范围内的主机访问 HDFS 客户端协议。它还可以确保拒绝来自 162.34.31.111 和 162.34.31.112 的请求，即使它们符合主机项中指定的 IP 范围。

```
<property>
    <name>security.client.protocol.hosts</name>
    <value>162.34.31.0/24</value>
</property>
<property>
    <name>security.client.protocol.hosts.blocked</name>
    <value>162.34.31.111, 162.34.31.112</value>
</property>
```

7. 服务授权策略列表

重要的服务授权策略如表 6-2 所示。适用于 YARN 的重要服务授权策略也展示在表中。

表6-2　服务授权策略

策略名称	策略描述
security.client.protocol.acl	HDFS 客户端协议的 ACL。当调用典型的 HDFS 操作(例如列出目录、读取和写入文件)时使用
security.datanode.protocol.acl	DataNode 协议的 ACL。当 DataNode 与 NameNode 通信时使用

(续表)

策略名称	策略描述
security.inter.datanode.protocol.acl	DataNode 内部协议的 ACL。当 DataNode 与其他 DataNode 进行块同步复制通信时使用
security.admin.operations.protocol.acl	当有人调用 HDFS 管理操作时应用的 ACL
security.refresh.user.mappings.protocol.acl	当有人试图刷新用户到组的映射时应用的 ACL
security.refresh.policy.protocol.acl	当有人试图刷新策略时应用的 ACL
security.applicationclient.protocol.acl	应用客户端协议的 ACL。当客户端与 YARN ResourceManager 通信来提交和管理应用程序时应用
security.applicationmaster.protocol.acl	应用控制端协议的 ACL。当 YARN 应用控制端与 ResourceManager 通信时应用

6.1.4 用户模拟

Hadoop 服务器允许用户模拟成其他用户。这类似于在基于 Unix 的系统中可用的 sudo 功能。此功能在一些情况下非常有用, 其中包括以下几种:

- 在使用诸如 Hive 服务端或 Hue 服务端这样的高级服务时, 你可以以用户的身份(权限)提交作业或者调用 HDFS。
- 当需要诊断某用户所面临的问题时, 管理员可以模拟该用户以便准确重现该问题。

- 团队用户可以模拟团队账户来运行属于该团队的周期性作业。

为了模拟其他用户，必须先认证该用户身份。此外，该用户需要具有模拟其他用户的权限。用户模拟可以使用属性 hadoop.proxyuser.$superuser.hosts 与 hadoop.proxyuser.$superuser.groups 和 hadoop.proxyuser.$superuser.users 中的一个(或两个一起)在 Hadoop 服务器的 core-site.xml 中进行配置。

例如，下面的配置项允许超级用户模拟属于组 1 或组 2 成员的用户。超级用户只能从两个主机进行模拟：host1 和 host2。

```
<property>
    <name>hadoop.proxyuser.super.hosts</name>
     <value>host1,host2</value>
</property>
<property>
    <name>hadoop.proxyuser.super.groups</name>
        <value>group1,group2</value>
</property>
```

与 ACL 类似，特殊值*允许用户模拟任何用户。如果将主机值设置为*，则超级用户可以从任何主机进行模拟。主机值可以是*、逗号分隔的主机列表、IP 地址和以 CIDR 格式指定的 IP 范围。

在更改了 core-site.xml 中的模拟配置项后，管理员可以调用 refreshSuperUserGroupsConfiguration 使更改生效，而无须重新启动任何 Hadoop 服务。

1. 通过命令行进行用户模拟

为了模拟其他用户，当群集启用了 Kerberos 时超级用户应该先使用 kinit 进行身份验证。然后，将 HADOOP_PROXY_USER 设定为要模拟的用户。在此之后，就可以代理用户(要模拟的用户)的身份下达 Hadoop 命令。样例顺序图如下所示，其中名为 super 的超级用户模拟名为 joe 的用户，并以 joe 的身份下达 Hadoop 命令。

```
super@chlor:~$ kinit -kt ~/super.keytab super

super@chlor:~$ klist

Ticket cache: FILE:/tmp/krb5cc_1004
Default principal: super@DATAAPPS.IO

Valid starting        Expires            Service principal
12/14/2015            12/14/2015         krbtgt/DATAAPPS
00:14:29             10:14:29          .IO@DATAAPPS.IO
        renew until 12/15/2015 00:14:29

super@chlor:~$ export HADOOP_PROXY_USER=joe
super@chlor:~$ ./bin/hadoop queue -showacls

Queue acls for user :  joe

Queue  Operations
=====================
root  ADMINISTER_QUEUE,SUBMIT_APPLICATIONS
admin  ADMINISTER_QUEUE,SUBMIT_APPLICATIONS
regular  ADMINISTER_QUEUE,SUBMIT_APPLICATIONS
```

2. 通过程序进行用户模拟

为了模拟其他用户，当群集启用了 Kerberos 时超级用户应先登录。接下来，必须创建 proxyuserUGI 来代表要模拟的用户。在此之后，就可以代理用户的身份下达 Hadoop 命令。样例代码如下所示，其中名为 super 的超级用户模拟名为 joe 的用户，并以 joe 的身份下达 Hadoop 命令。

```
//'super' should first login
UserGroupInformation.loginUserFromKeytab
  ("super@DATAAPPS.IO",
          "/home/super/.keytabs/super.keytab");
```

```
//Create ugi for joe. The login user is 'super'.
UserGroupInformation ugi =
        UserGroupInformation.createProxyUser("joe",
        UserGroupInformation.getLoginUser());
ugi.doAs(new PrivilegedExceptionAction<Void>() {
  public Void run() throws Exception {
    //Submit a job
    JobClient jc = new JobClient(conf);
    jc.submitJob(conf);
    //OR access hdfs
    FileSystem fs = FileSystem.get(conf);
    fs.mkdir(someFilePath);
  }
}
```

3. 自定义用户模拟授权

如前所述，可以通过在配置文件中为每个用户添加属性，例如
{groups, users, hosts}，来控制用户模拟。然而，这种方式
存在局限性。例如，当有大量的超级用户时，很难在配置文件中对
每个超级用户进行具体说明并确保将该配置分发到所有 Hadoop 服
务器上。Hadoop 2.5 及随后的版本允许自定义用户模拟的授权。这
可以通过实现 ImpersonationProvider 接口和通过配置属性
hadoop.security.impersonation.provider.class 提供
实现类的名称完成。

6.1.5　提升 HTTP 信道的安全性

Hadoop 支持通过 HTTP 协议访问，提供身份认证以及完整性与
机密性的保护。默认情况下，HTTP 访问没有启用身份认证。若要启
用身份验证，应将 org.apache.hadoop.security.Authen-
ticationFilterInitializer 初 始 化 程 序 类 添 加 到
core-site.xml 的 hadoop.http.filter.initializers 属
性中。RPC 协议只能使用 Kerberos 身份认证，但可以为 HTTP 访问
配置自定义身份认证。若要配置此身份认证，应将以下属性加入到

群集所有节点的 core-site.xml 中。请注意，表 6-3 中属性的前缀为 hadoop.http.authentication，但为了简洁起见省略了。

表 6-3　core-site.xml 属性

属性名称	默认值	描述
type	Simple	定义用于 HTTP Web 控制台的身份认证。支持的值有：simple | kerberos | #AUTHENTICATION_ HANDLER_ CLASSNAME#
token.validity	36000	表示身份认证令牌的有效期(以秒为单位)，超时后必须刷新
signature.secret. file		用于签署身份认证令牌的签名密钥文件。群集中所有节点(JobTracker、NameNode、DataNode 和 TastTracker)都应该使用相同的密钥。只有运行守护进程的 Unix 用户能够读取这个文件
cookie.domain		用于存储身份认证令牌的 HTTP cookie 的域。为使身份认证在群集所有节点之间正常工作，必须正确设置域。如果未设置该值，HTTP cookie 将只在发出该 HTTP cookie 的主机上奏效
simple.anonymous. allowed	True	表示在使用简单身份认证时是否允许匿名请求
kerberos.principal		表示在使用 Kerberos 身份认证时用于 HTTP 端点的 Kerberos 主体。根据 Kerberos HTTP SPNEGO 规范，主体缩略名必须是 HTTP
kerberos.keytab		包含用于 HTTP 端点的 Kerberos 主体凭据的 keytab 文件位置

要启用除简单身份认证或 Kerberos 之外的身份认证，必须使用 `org.hadoop.security.authentication.server.AuthenticationHandler` 接口实现，然后指定实现类的名称为 `hadoop.http.authentication.type` 的值。

1. 启用 HTTPS

可以为 NameNode、ResourceManager、DataNode 和 NodeManager 的 Web UI 启用 HTTPS。若要启用 HTTPS，必须为 HDFS 和 YARN 指定策略。若要为 HDFS Web 控制台启用 HTTPS，请将 `dfs.http.policy` 设置为 `HTTPS` 或 `HTTP_AND_HTTPS`。

通过设置 `core-site.xml` 中的属性可以为 Hadoop 服务器配置 SSL。表 6-4 中展示了这些属性。

表 6-4 core-site.xml 中的 SSL 属性

属性名称	默认值	属性描述
`hadoop.ssl.require.client.cert`	`False`	客户端证书是否是必须的
`hadoop.ssl.hostname.verifier`	`DEFAULT`	为 `HttpsURLConnections` 提供的主机名验证器。有效值为：`DEFAULT`、`STRICT`、`STRICT_I6`、`DEFAULT_AND_LOCALHOST` 和 `ALLOW_ALL`
`hadoop.ssl.keystores.factory.class`	`org.apache.hadoop.security.ssl.FileBased-KeyStoresFactory`	要使用的 `KeyStoresFactory` 实现

(续表)

属性名称	默认值	属性描述
hadoop.ssl.server.conf	ssl-server.xml	将从中提取 ssl server keystore 信息的资源文件。程序会在 classpath 中查找此文件，因此它通常应该位于 Hadoop 的 conf/目录中
hadoop.ssl.client.conf	ssl-client.xml	将从中提取 ssl server keystore 信息的资源文件。程序会在 classpath 中查找此文件，因此它通常应该位于 Hadoop 的 conf/目录中
hadoop.ssl.enabled.protocols	TLSv1	支持的 SSL 协议(JDK6 可以使用 TLSv1，JDK7+可以使用 TLSv1、TLSv1.1、TLSv1.2)

2. Keystore 和 Truststore

其他 SSL 属性需要在服务器端的 ssl-server.xml 中配置。考虑到 Hadoop 服务器可以潜在地充当其他 Hadoop 服务器的客户端，ssl-client.xml 也需要设置。这些属性包括 keystore 和 truststore 的位置和密码。

如果证书和私钥发生切换(更改)，服务器必须重新启动。这样代价太高，可以通过指定必须定期重新加载 truststore 和 keystore 来避免。表 6-5 列出了要在 ssl-server.xml 中指定的 keystore 和 truststore 的属性。

表 6-5　ssl-server.xml 中的 keystore 和 truststore 的属性

属性名称	默认值	属性描述
ssl.server.keystore.type	Jks	keystore 文件类型
ssl.server.keystore.location	NONE	keystore 文件位置。运行 Hadoop 服务端的用户应该拥有此文件并独占它的读取权
ssl.server.keystore.password	NONE	keystore 文件密码
ssl.server.truststore.type	Jks	truststore 文件类型
ssl.server.truststore.location	NONE	truststore 文件位置。运行 Hadoop 服务器的用户应该拥有此文件并独占它的读取权
ssl.server.truststore.password	NONE	truststore 文件密码
ssl.server.truststore.reload.interval	10000 (10秒)	truststore 重新加载的时间间隔，以毫秒为单位

需要在 ssl-client.xml 中设置类似的属性，以便指定在 Hadoop 服务器作为客户端交互时所需的 truststore 和 keystore 属性。

6.2　提升数据安全性

对组织而言，数据是一项重要资产。Hadoop 现在允许在单个系统中存储数 PB 数据。除了确保数据可用和可靠，还应确保数据安全。提升 Hadoop 群集中数据的安全性需要留心以下内容：

- 在客户端和 Hadoop 群集之间应通过安全信道传输数据。信道应根据数据分类提供不同的保密性和数据完整性。
- 当数据存储在群集上时，应根据数据分类执行严格的访问控制。
- 如果数据分类要求加密，那么在存储到 Hadoop 群集中时应该加密数据。只有那些具有密钥访问权限的用户才能够解密这些数据。
- 基于数据分类，应该定期审核对数据的访问。

正如你所看到的，所有对数据采取的安全措施都基于数据分类。

6.2.1　数据分类

基于数据中元素的敏感性和数据合规性要求，数据可以分为不同的类别。特定数据集的分类有助于确定如何向 Hadoop 群集输入和输出数据，如何限制对群集上所存数据的访问以及如何在处理过程中保护数据。数据可以分为以下几类：

- **公开的**：这是公开的信息，所以没有必要限制对此数据的访问。互联网上提供了关于世界不同城市的信息，但为了进行更快的数据处理而将其存储在 Hadoop 群集上，这些信息属于这个类别。
- **有界限的或私有的**：这是不应公开的信息。此类数据可能没有任何敏感的元素，但因为这些数据给公司创造了竞争优势，所以应该保持私有。私有数据的例子可能是公司从外部购买的数据集。访问有界限的或私有的数据应受到限制。
- **保密的**：这是其中包含应保密元素的数据集。例如包含诸如电子邮件地址、电话号码等个人身份信息(Personally Identifiable Information，PII)的数据集。对此数据集的访问可能会受到限制并且敏感数据元素可能需要加密或隐藏。

- **受限制的**：这种数据集包含不应被任何未经允许的用户读取的数据。包含来自客户的金融数据或健康记录的数据集属于此类。对这些数据集的访问应受到严格限制并且元素可能需要加密以便只有获得批准的有权访问密钥的用户才能够读取这些数据。

敏感数据发现

在某些情况下，用户将数据存储在 HDFS 却没有将其正确地分类或限制访问。管理员将不得不审查与数据相关联的结构定义来决定正确的分类。在某些情况下，结构定义中可能没有包含足够的信息来对数据进行准确分类。在这种情况下，唯一的选择是检查数据以查看其中是否包含敏感元素。

有一些可以对敏感元素进行扫描的工具。这些工具使用 YARN 框架运行应用程序，扫描数据并报告敏感元素。此类工具之一是 DataApps.io 公司在 `www.dataapps.io` 上提供的 Chlorine。Chlorine 扫描数据集并报告敏感元素的存在。Chlorine 支持所有的标准文件格式，包括 Avro、parquet、RC、ORC 和序列文件。Chlorine 允许深度和快速扫描以及有计划的增量扫描。Chlorine 还能够让用户扫描新模式并添加自定义扫描逻辑。

6.2.2 将数据传到群集

根据分类，数据应在传入和传出群集时受到保护。通过不安全信道发送敏感数据会使其很容易被窃听，需要通过确保机密性和完整性的信道发送该数据集。

根据数据的大小、数据传输的性质、延迟和性能要求的不同，涉及不同的数据传输方法。数据传输应独立于所涉及的数据信道并基于数据分类受到保护。本节中讨论的范围仅限于从其他系统安全地传输数据到 HDFS。数据源可以是其他数据库、应用服务器、Kafka 队列、Knox 代理或其他 Hadoop 群集。

1. 数据协议

Hadoop 支持两种将数据传输到 HDFS 的协议。

- **RPC+streaming**：客户端首先通过 RPC 与 NameNode 对话来获得块位置。然后客户端与块位置标识的 DataNode 对话来流式传输数据。RPC 和 streaming 协议都基于 TCP，因为当数据通过 `hdfs -put/get` 命令传输时要使用这种方法。利用带有 hdfs:/模式前缀的 DistCp 工具同时使用了 RPC 和 streaming 两个协议。

- **HTTP**：如果 Hadoop 群集支持 WebHDFS，客户端就可以使用 WebHDFS 来传输数据。本协议限制通过 HTTP 获得的块位置和通过 HTTP 从客户端转移到 ResourceManager 的数据。带有 webhdfs:/或 hftp:/或 hsftp:/模式前缀的 DistCp 使用 HTTP 协议传输数据。同样，基于 HTTP 的客户端可以使用 webhdfs REST API 从 NameNode 获取块位置以及从 DataNode 传输数据或传输数据到 DataNode。

让我们看看如何保护通过这两个协议进行的数据传输。

2. 增强 RPC 信道的安全性

我们已经描述了客户端如何使用 Kerberos 向 Hadoop 服务器进行身份验证。如前所述，Hadoop 在其 RPC 协议中使用 SASL 框架来支持 Kerberos。但一些数据需要在传输期间受到进一步保护。

SASL 允许不同的保护级别。这些统称为保护级别(Quality of Protection，QOP)。在身份认证的 SASL 交换阶段，它在客户端和服务器之间进行协商。QOP 采用 Hadoop 的配置属性：`hadoop.rpc.protection`。该属性的可能取值列举在表 6-6 中。

表 6-6　hadoop.rpc.protection 属性

	保护级别(QOP)	描述
1	身份认证(Authentication)	仅身份认证
2	完整性(Integrity)	身份认证和完整性保护。完整性保护可以防止对请求和响应的篡改
3	隐私(Privacy)	身份认证和完整性以及隐私保护。隐私保护防止对请求和响应的无意监测

可以在客户端和服务器的 `core-site.xml` 中指定此属性。如果客户端和服务器不能协商出共同的保护级别，那么 SASL 认证就会失败。

若要加密通过 RPC 发送的请求和响应，则需要将以下条目加入到所有 Hadoop 服务器和客户端的 `core-site.xml` 中。

```
<property>
    <name>hadoop.rpc.protection</name>
    <value>privacy</value>
</property>
```

如果未指定 `hadoop.rpc.protection`，那么它就默认为 `authentication`。

3. 选择性的加密以提高性能

在 Hadoop 2.4 之前，`hadoop.rpc.protection` 仅支持指定单一值：authentication、integrity 或 privacy 之一。为了加密通信，`hadoop.rpc.protection` 应该设置为 privacy。在大多数 Hadoop 群集中，不同类型的数据将存储在群集中。只有为数有限的 RPC 通信需要进行加密，因此一定不要将此值设置为 privacy，否则会导致所有 RPC 通信都要加密。如果这样做，那么你会因为加密所有 RPC 通信的开销而承受性能下降的风险。

从 Hadoop 2.4 开始，`hadoop.rpc.protection` 可以以逗号
分隔列表的形式接受多个值。为了避免性能下降，Hadoop 服务端可
以支持多个值。传输机密数据时，客户可以将客户端的
`hadoop.rpc.protection` 的值设置为 privacy。传输非机密数据
时，客户可以将 `hadoop.rpc.protection` 设置为 authentication
以避免增加加密的开销。

这是 NameNode 上支持多个QOP 的 `hadoop.rpc.protection`：

```
<property>
    <name>hadoop.rpc.protection</name>
     <value>authentication,privacy</value>
</property>
```

这是客户端上的 `hadoop.rpc.protection`，通过加密信道
发送数据：

```
<property>
    <name>hadoop.rpc.protection</name>
     <value>privacy</value>
</property>
```

这是客户端上采用非机密数据传输的 `hadoop.rpc.protection`：

```
<property>
    <name>hadoop.rpc.protection</name>
     <value>authentication</value>
</property>
```

请注意，在上述情况下客户端决定 QOP。由客户端决定并非总
是可取的。在某些情况下，需要加密来自一组特定主机的所有数据。
可以通过扩展 `class-SaslPropertiesResolver` 插入此决策
逻辑。它可以通过 `core-site.xml` 中的 `hadoop.security.`
`saslproperties.resolver.class` 在服务器或客户端上插
入。`SaslPropertiesResolver` 可以为每个连接提供键/值对形

式的 SASL 属性。

4. 增强块传输的安全性

数据通过流式协议从客户端传输到 DataNode。因为 DataNode 以块的形式存储数据，所以确保只有已授权的客户端才能读取特定块是非常重要的。若要强制对块访问进行授权，那么你需要在所有 NameNode 和 DataNode 的 hdfs-site.xml 中添加以下属性。

```
<property>
    <name>dfs.block.token.enable</name>
    <value>true</value>
</property>
```

客户端向 NameNode 发出访问文件的请求，NameNode 根据 HDFS 文件权限和 ACL 检查客户端是否有权访问该文件，如果有权限，那么 NameNode 就会响应块的位置。如果将 dfs.block. token.enable 设置为 true，那么 NameNode 会将块的位置信息与块令牌一起返回。

当客户端联系 DataNode 来读取该块时，客户端必须提交有效的块令牌。块令牌包含块 ID 以及由 NameNode 和 DataNode 共享密钥保护的用户标识符。DataNode 在允许客户端传输块之前要验证块令牌。客户端、NameNode 和 DataNode 之间的这种握手可以确保只有已授权的用户才可以下载块。

但这并不强制保证块传输的完整性和私密性。为了充分保护块传输，需要在 NameNode 上设置以下属性。

```
<property>
    <name>dfs.encrypt.data.transfer</name>
    <value>true</value>
</property>
```

当设置了上述属性时，客户端在块传输之前从 NameNode 取来加密密钥。DataNode 已经知道这个密钥，所以客户端与 DataNode 可以使用该密钥来建立安全信道。SASL 用于在内部启用加密的块传输。

用于加密的算法可以用 dfs.encrypt.data.transfer.algorithm 配置。可以将其设置为 3DES 或 RC4。如果没有设置，则使用系统默认值(通常是 3DES)。虽然 3DES 加密更安全，但 RC4 却快得多。

与使用 RPC 类似，将 dfs.encrypt.data.transfer 设置为 true 将为所有数据传输启用加密，即使其中绝大多数不需要加密。这将减慢所有的块传输。在大多数情况下，只需要为一部分块传输进行加密。在这些情况下，加密所有块传输会不必要地减慢数据传输和数据处理。

在 Hadoop 2.6 中，围绕此功能做了重大修改，因此类似于 RPC 协议，可以对选定的块传输启用隐私保护。可以使用 dfs.data.transfer.protection 属性配置 QOP 值{authentication、integrity、privacy}。与 RPC 类似，通过配置 dfs.data.transfer.saslproperties.resolver.class 指定 QOP 解析逻辑可以为每个块传输选定一个 QOP。该值应该是一个扩展了 SaslPropertiesResolver 类的类。

5. 增强基于 WebHDFS 的数据传输的安全性

使用 HTTP 通过 WebHDFS 来从 HDFS 或向 HDFS 传输数据是可能的。WebHDFS 可以通过对访问进行身份认证和加密数据传输来进行机密性保护。

可以用 Kerberos 配置身份认证。需要通过 dfs-site.xml 指定表 6-7 中的属性来启用 WebHDFS 身份认证。

表 6-7　dfs-site.xml 属性

属性名称	描述
dfs.web.authentication. kerberos.principal	表明使用 Kerberos 身份认证时用于 HTTP 端点的 Kerberos 主体。根据 Kerberos HTTP SPNEGO 规范，主体的缩略名必须是 HTTP
dfs.web.authentication. kerberos.keytab	包含 Kerberos 主体用于 HTTP 端点的凭据的 keytab 文件位置

若要使用非 Kerberos 的身份认证方案，必须重写 dfs-site.xml 的 dfs.web.authentcation.filter 属性。将 dfs.http.policy 设置为 HTTPS 或 HTTP_AND_HTTPS 可以对使用 WebHDFS 协议传输的数据进行加密。在 WebHDFS 安全中有启用 OAUTH 来获得访问权限的增强功能。

6.2.3　保护群集中的数据

我们已经讨论了通过指定所需的保护级别来保护数据及其进入 Hadoop 群集过程的方法。一旦这些数据到了 Hadoop 群集上，对数据的访问都要根据数据分类加以限制。HDFS 中提供下面的控制项来对存储在 HDFS 中的数据进行保护和限制访问。

- 文件权限——类似 Unix 的文件权限
- 访问控制列表(ACL)——细粒度权限
- 加密

1. 使用文件权限

HDFS 拥有针对文件和目录的权限模型，它与 POSIX 模型非常相似。每个文件/目录都有所有者和组。类似于 POSIX，rwx 权限可以为所有者、组和所有其他用户指定。若要读取文件，r 权限是必需的。若要写入或追加到文件，w 权限是必需的。x 权限与文件无关。同样，列出目录的内容需要 r 权限，创建或删除目录下的文件需要 w 权限，访问目录的子目录需要 x 权限。

这些文件权限足以满足大多数的数据保护要求。例如，考虑一个数据集，它由市场部一位名为 marketer 的用户生成。一群来自不同组织的用户需要使用此数据。理想情况下，数据集只能由 marketer 修改并由不同的用户读取。这可以使用文件权限和组实现，如下所示：

(1) 创建一个目录/marketing_data，来保存属于市场数据集的文件。

(2) 生成一个组 marketing_data_readers，并将需要读取市场数据的用户添加到 marketing_data_readers 中。

(3) 将 marketing_data 的所有者和它下面所有文件和目录设置为 marketer、将组设置为 marketing_data_readers。

(4) 以递归方式将 marketing_data 的权限更改为 rwrr_x___。此设置允许 marketer 完全控制(读取、写入和浏览)，marketing_data_readers 的成员有读权限(读取和浏览)，而其他用户则不能访问。

使用下面的命令来更改所有者、组和权限：可以分别使用 chown(更改所有者)、chgrp(更改组)和 chmod(更改模式/权限)命令。

2. 文件权限的局限性

虽然文件权限足以满足最常见的访问需求，但是它有很大的局限性。这些限制是因为对文件或目录来说，仅可能将一个用户和一个组与其关联。让我们仔细看一看这些限制的几个案例。

- 案例 1：上述关于市场数据的例子中，考虑多个用户需要读/写数据和一组有限的用户需要只读访问权的情况。使用文件权限以一种简单直接的方式表达它是不可能的，因为文件或目录只能与一个用户相关联。

- 案例 2：考虑一组已经属于 `sales_data_readers` 的用户需要访问 `marketing_data` 的情况。这些用户仅当成为 `marketing_data_readers` 的成员时才可以读取 `marketing_data`。虽然可以这么做，但是指定 `sales_data_readers` 作为 `marketing_data` 的读者组会更容易。

3. 使用 ACL

为了克服文件权限的限制，HDFS 支持 ACL。这类似于 POSIX ACL。最佳实践是针对大多数情况使用文件权限，而对那些需要更细粒度访问的情况，使用一些 ACL。HDFS ACL 从 Hadoop 2.4 开始可供使用。

在 NameNode 上将 `dfs.namenode.acls.enabled` 设置为 `true`，然后重新启动 NameNode 就可以启用 ACL。使用两个添加到 HDFS 上的新命令即可对文件和目录的 ACL 进行管理：`setfacl` 和 `getfacl`。

一旦启用了 ACL，文件所有者可以为文件定义每个用户和每个组的 ACL。规则使用这样的形式，`user:username:permission` 和 `group:groupname:permission`。这些是确定的用户和确定的组的 ACL。

让我们看看 ACL 如何可以满足上一节中所述的案例。

- 案例 1：在案例 1 中，你想要添加一组具有数据集的读/写访问权的用户和另一组仅有读访问权的用户。要做到这一点，创建名为 `marketing_data_writers` 的新组并添加形如 `group:marketing_data_writers:rwx` 的 ACL。可以按照如下所示对 `marketing_data` 进行 ACL 设置：

```
hdfs dfs -setfacl -R -m group:marketing_data_writers:rwx
  /marketing_data
```

- 案例 2：在案例 2 中，你想要再添加一个具有数据集读访问权的组(名为 sales_data_reader)。要做到这一点，你需要添加组 ACL。setfacl 命令如下所示：

```
hdfs dfs -setfacl -R -m group:sales_data_reader:r_x
  /marketing_data
```

4. 加密数据

加密是使用密钥编码消息的过程，因此该消息可以使用密钥进行解码。加密涉及对消息进行编码的算法和密钥。加密的强度依赖于妥善保护密钥，而密钥由 Key Store 存储和管理。Key Store 可以是基于软件或硬件的密钥管理系统。

对数据进行加密确保了只有持有密钥的客户端才可以解密该消息。类似权限和 ACL 的授权措施可以防止未授权用户访问数据。但是，可以更改授权规则的管理员能够读取这些数据。有权访问存储数据的 DataNode 的用户也可以读取这些数据。加密这些数据可以确保只有那些能访问密钥的用户可以对其进行解密。通过让密钥管理系统和 Hadoop 拥有不同的管理员组，即使管理员也不能够通过侧步授权控制读取数据。

隐私和安全法规还要求组织对静止的敏感数据进行加密。要求加密的一些法规示例如下：

- 卫生保健和 HIPAA 法规
- 卡付款和 PCI/DSS 法规
- 美国政府和 FISMA 法规

HDFS 支持基于加密区概念的透明数据加密，加密区由 Hadoop 管理员创建并与某个 HDFS 目录相关联。加密区中的所有文件都存储在与该加密区关联的目录下。所有这些文件都将加密。

5. Hadoop KMS

HDFS 加密依赖新的 Hadoop 服务器，称为 Hadoop KMS。Hadoop KMS 为 HDFS 做密钥管理(见图 6-3)。Hadoop KMS 内部依赖于密钥库来存储和管理其密钥。Hadoop KMS 使用 KeyProvider API 与密钥库进行通信。如果组织已经有密钥存储库来存储密钥，则可以实现 KeyProvider 接口来与密钥库进行交互。需要在 Hadoop KMS 中配置 KeyProvider 的实现来使密钥库与 Hadoop KMS 集成。

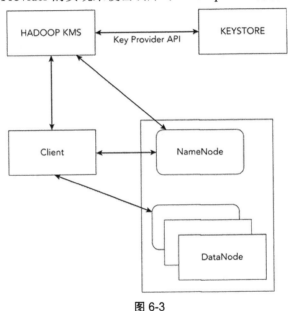

图 6-3

6. 加密区

可以用命令行工具使用新添加的 crypto 子命令创建加密区。每个加密区具有与之相关联的加密区密钥(Encryption Zone Key，EZkey)。EZkey 作为加密区中所有文件的主密钥。包括 EZkey 在内的所有密钥都存储在密钥库中，Hadoop KMS 使用 KeyProvider 的实现从密钥库中访问密钥。这里假设密钥管理员负责管理密钥库和

KMS。

　　密钥管理员必须在 HDFS 管理员创建加密区之前在密钥库中创建密钥。EZkey 可以轮换或者根据需要更改。类似密钥、版本名称、初始化向量和密码信息等密钥元数据存储在加密区目录的扩展特性中。

　　一旦创建了 Hadoop KMS，HDFS 客户端和 NameNode 就可以访问它以便进行密钥管理，可以设置加密区并且将数据以加密格式存储在加密区中。让我们来仔细看看设置加密区、将文件存储在加密区以及从加密区中读取文件的完整过程。

　　设置加密区的步骤如下：

　　(1) 密钥管理员创建密钥(Ezkey)并将其命名为 `master_key`。

　　(2) HDFS 管理员创建目录，用来保存将要加密的文件。该命令的形式如下：

```
"hadoop fs -mkdir /path/to/dataset"
```

　　(3) 然后 HDFS 管理员使用下面的命令创建加密区将该目录与主密钥相关联：

```
hdfs crypto -createZone -keyName master_key -path
  /path/to/dataset
```

　　(4) 密钥(`master_key`)的名称和 `master_key`(从 Hadoop KMS 获得)的当前版本作为目录(/path/to/dataset)的扩展特性存储。

7. 将文件存储在加密区

　　当把文件存储到加密区时，需要生成密钥并使用该密钥加密数据。针对每个文件，会生成新的密钥并且加密密钥作为该文件元数据的一部分存储在 NameNode 上。加密文件的密钥称为数据加密密钥(Data Encryption Key，DEK)。操作步骤如下：

　　(1) 客户端发出在/path/to/dataset 下存储新文件的命令。

(2) NameNode 根据文件权限和 ACL 检查用户是否有权在指定路径下创建文件。NameNode 请求 Hadoop KMS 创建新的密钥(DEK)，同时提供加密区密钥的名称，即 `master_key`。

(3) Hadoop KMS 生成新的密钥，DEK。

(4) Hadoop KMS 从密钥库中检索加密区密钥(`master_key`)并使用 `master_key` 加密 DEK 来生成加密的数据加密密钥(Encrypted Data Encryption Key，EDEK)。

(5) Hadoop KMS 提供 EDEK 给 NameNode，NameNode 保留 EDEK 作为文件元数据的扩展特性。

(6) NameNode 向 HDFS 客户端提供 EDEK。

(7) HDFS 客户端发送 EDEK 到 Hadoop KMS，请求 DEK。

(8) Hadoop KMS 检查运行 HDFS 客户端的用户是否能够访问其加密区密钥。请注意，此授权检查不同于文件权限或 ACL。如果用户具有权限，那么 Hadoop KMS 使用加密密钥解密 EDEK 并将 DEK 提供给 HDFS 客户端。

(9) HDFS 客户端使用 DEK 加密数据并将加密的数据块写入 HDFS。

8. 读取加密区的文件

当读取存储在加密区中的文件时，客户端需要解密存储在元数据文件中的已加密密钥，然后使用该密钥来解密数据块的内容。用于读取加密文件的事件序列如下所示：

- 客户端调用命令来读取文件。
- NameNode 检查用户是否有权访问该文件。如果有，NameNode 将与所请求文件相关联的 EDEK 提供给客户端。它还会发送加密区密钥名称(`master_key`)和加密区密钥的版本。

- HDFS 客户端将 EDEK 和加密区密钥名称及版本传递到 Hadoop KMS。
- Hadoop KMS 检查运行 HDFS 客户端的用户是否能够访问其加密区密钥。如果用户具有访问权限，Hadoop KMS 向密钥服务器请求 EZK 并使用 EZK 解密 EDEK 来获取 DEK。
- Hadoop KMS 向 HDFS 客户端提供 DEK。
- HDFS 客户端从 DataNode 读取加密的数据块，并使用 DEK 解密它们。

6.3　增强应用程序安全性

一旦数据存储在 Hadoop 群集上，用户就可以使用各种机制与数据进行交互。可以使用 MapReduce 程序、Hive 查询、Pig 脚本和其他框架来处理数据。在 Hadoop 2 中，YARN 使得数据处理逻辑的执行更加便利。

Hadoop 提供了若干安全措施来确保数据处理逻辑不会在群集上造成有害的影响。既然 YARN 可以管理计算资源，那么对计算资源的访问也可以进行控制。同样，也为用户提供了对其应用程序的访问控制机制。

在本节中，我们将回顾 Hadoop 如何使应用程序能够以应用程序提交者的身份运行，以便可以基于正确的身份执行正确的访问控制。我们将重温把计算资源划分给各方来让已授权用户管理和使用计算资源的过程。我们还将确认用户如何将访问控制应用于他们的数据处理逻辑，这些处理逻辑作为应用程序运行在 Hadoop 群集上。

6.3.1　YARN 架构

用户将他们的数据存储在 HDFS 上，而 Hadoop 生态系统提供了很多框架或技术来处理这些数据。可以基于自己的需求和专业知识来选择要使用哪个具体框架。

在 Hadoop 1 中，只有一个执行数据处理逻辑的框架，即 MapReduce。类似 Job Tracker 和 Task Tracker 这样的守护进程管理和调度计算资源并在大量 DataNode 上执行数据处理逻辑。在 Hadoop 2 中，增加了一个通用的应用程序执行框架，即 YARN，它负责资源管理和调度(见图 6-4)。将资源管理从数据处理逻辑的执行中分离出来使你能够以不同的方式执行数据处理逻辑，包括 MapReduce、Spark 以及其他(见图 6-4)。

6.3.2　YARN 中的应用提交

你向 ResourceManager 以应用程序的形式提交数据处理逻辑。在应用程序提交期间，包括 JAR 文件、工作配置在内的作业资源存储在 HDFS 上的临时目录中。临时目录只能由提交应用程序的用户访问。

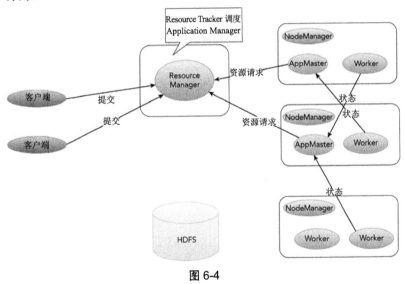

图6-4

如果群集是使用 Kerberos 身份认证的安全群集，那么客户端需要拥有有效的 Kerberos 票据来向 ResourceManager 进行身份认证。

如果启用了服务授权，那么 ResourceManager 将通过应用
`security.applicationclient.protocol.acl` 来验证用户
是否有权向其提交应用程序。

1. 使用队列控制对计算资源的访问

YARN 使用 ResourceManager 管理 Hadoop 群集的计算资源，通
过使用其调度组件来决定哪个应用程序获得何种资源。调度逻辑是
可插拔的，并且 Capacity Scheduler 和 Fair Scheduler 是常用的调度
策略，同时也是 Hadoop 发行版的一部分。

Capacity Scheduler 支持队列的概念来管理资源。队列可以分层
并且可以仿照机构的组织层次结构。队列的定义包括 ACL 以确定谁
可以向队列提交应用程序以及谁可以管理队列。这些 ACL 标签是
`yarn.scheduler.capacity.root.<queuepath>.acl_submit_`
`applications` 和 `yarn.scheduler.capacity.root.<queuepath>.`
`acl_administer_queue`。ACL 遵循以逗号分隔的用户和组列表
这种常用模式。作为应用程序提交的一部分，这些 ACL 会受到评估。

2. 委托令牌的角色

在数据处理过程中，应用程序会被划分为更小的工作单元并且
将在从节点的 YARN 容器上执行。这些容器需要访问 HDFS 来读写
数据。在安全的群集中，访问 HDFS 将要求用户进行身份认证。虽
然 Kerberos 是首要的身份认证机制，但因为容器没有用于获取
Kerberos 票据的用户凭据，所以容器将无法获取 Kerberos 票据。为
了解决这一问题，Hadoop 支持使用委托令牌。NameNode 发布委托
令牌。委托令牌标识用户，所以它可以用来验证用户的身份。只有
当客户端使用 Kerberos 进行身份认证才可以获得委托令牌。

委托令牌具有过期时间，并可在配置的时间段内续订。默认情
况下，委托令牌的有效期为 24 小时，可以延长为 7 天。可以指定单
个用户作为委托令牌的续订者。

委托令牌的格式如下所示：

```
TokenID = {ownerID, renewerID, realUserID, issueDate,
    maxDate, sequenceNumber, keyID}
TokenAuthenticator = HMAC-SHA1(masterKey, TokenID)
Delegation Token = {TokenID, TokenAuthenticator}
```

如果超级用户以所有者的身份获得委托令牌，那么 `RealUserId` 将被设置为与 `OwnerId` 不同的用户。可以使用一组属性配置委托令牌的安全性，这些属性如表 6-8 所示。

表 6-8　委托令牌安全属性

属性名称	默认值	属性描述
`dfs.namenode.delegation.key.update-interval`	1 天	用于生成委托令牌的密钥会定期更新。此属性以毫秒为单位指定更新时间间隔
`dfs.namenode.delegation.token.renew-interval`	1 天	在令牌需要续订之前的有效时间(以毫秒为单位)
`dfs.namenode.delegation.token.max-lifetime`	7 天	委托令牌具有最大生存期,超过它之后不能再续订。该值也是以毫秒为单位指定的

请注意，如果你有必须运行超过 7 天的应用程序，那么 `dfs.namenode.delegation.token.max-lifetime` 必须设置为更高的值。委托令牌一旦生成便独立于 Kerberos 票据。它拥有

特权，即使用户的 Kerberos 凭据在 Kerberos KDC 上被撤销也可以续订。为了正确地撤销用户对 Hadoop 的访问，需要将用户从 Hadoop 相关组中移除。撤销用户的组成员身份会导致授权检查失败，因此用户将不能再访问资源。

在应用程序提交期间，客户端从 NameNode 获得委托令牌并且将 ResourceManager 设置为委托令牌的续订者。委托令牌将存储在 HDFS 上作为应用程序资源的一部分。应用程序的各个容器将委托令牌作为应用程序资源的一部分来获取，并且使用委托令牌以应用程序提交者的身份向 HDFS 认证，以便读取和写入文件。一旦应用程序完成运行，就会将该委托令牌取消。

3. 块访问令牌

数据以块的形式存储在 DataNode 上并通过块标识符(块 id)进行索引。若要访问某些数据，客户端需要指定块标识符。在不安全的群集中，客户端只需要指定块标识符。协议默认情况下不强制身份认证和授权，因此这是漏洞，因为如果未经授权的客户端刚好知道与数据对应的块标识符，那么这会使得他们能够访问任意数据。

使用块访问令牌可以解决这一安全问题。若要启用此功能，应该将 dfs.block.access.token.enable 设置为 true。当客户端试图访问某个文件时，客户端首先联系 NameNode。NameNode 将对客户端进行身份认证并确保客户端有权限访问该文件。NameNode 将为属于该文件的每个块生成块访问令牌，而不是移交属于该文件的块标识符列表。块访问令牌具有以下格式：

- Block Access Token = {TokenID, TokenAuthenticator}
- TokenID = {expirationDate, keyID, ownerID, blockPooID, blockID, accessModes}
- TokenAuthenticator = HMAC-SHA1 (key, TokenID)

NameNode 和 DataNode 共享密钥，用于生成 TokenAuthenticator。

块访问令牌对所有 DataNode 有效，不受块实际所在位置的影响。密钥定期更新并可以通过 `dfs.block.access.key.update.interval` 属性配置。默认值为 10 分钟，并且每个块访问令牌的生命周期都迟于它的过期时间。生命周期可以使用 `dfs.block.access.key.update.interval` 属性配置。

由于用户可能对某文件只拥有有限的权限，因此块访问令牌中的访问模式表示允许用户进行的操作。访问模式可能是 {READ、WRITE、COPY、REPLACE} 的组合。

4. 使用安全容器

应用程序的数据处理逻辑是在不同机器上的不同容器中执行的。NodeManager 启动容器，这一过程通常作为 YARN 用户启动。默认情况下，由 NodeManager 启动的所有进程，其进程所有者都将是 YARN。由于用户应用程序运行在容器中，因此以 YARN 运行将使这些用户应用程序只能执行 YARN 用户可以执行的操作。这包括停用 NodeManager 或者其他容器。以 YARN 运行的用户应用程序也可以访问属于其他用户的日志文件。

在安全的群集中，YARN 使用操作系统设施来隔离容器的执行。安全容器在应用程序提交者的凭据下执行，这应该与运行 NodeManager 的用户不同。

在 Linux 环境中，NodeManager 使用容器执行器 LinuxContainerExecutor 来启动容器进程。LinuxContainerExecutor 使用名为 `container-executor` 的外部二进制程序启动容器。`container-executor` 是可执行文件，它拥有 `setuid` 标志集以便将容器的所有权变更为提交应用程序的用户。

由于应用程序提交者拥有容器进程，因此其必须存在于运行容器的计算机上。这意味着所有的应用程序提交者必须存在于所有 NodeManager 机器上。当有数百台 NodeManager 机器时，将这些机器与 LDAP 系统集成成为现实需要。

5. 应用程序的授权

ACL 可以与应用程序关联。对于 MapReduce 作业，可以与作业配置一起指定 ACL。默认情况下，作业提交者和队列管理员可以查看和修改作业。如果任何其他用户需要查看和修改作业，那么需要通过 `mapreduce.job.acl-view-job` 和 `mapreduce.job.acl-modify-job` 指定他们。与其他 ACL 类似，这些 ACL 也接受由逗号分隔的用户和组列表。

6. 增强 MapReduce 作业中的中间数据的安全性

运行 MapReduce 作业会导致存储和传输中间数据，并且在 merge 和 shuffle 阶段会有中间文件存储在本地文件系统。在某些情况下，需要加密这些存储在本地文件系统上的中间文件。这通过将 `mapreduce.job.encrypted-intermediate-data` 作业属性设置为 true 来完成。

当 reducer 启动时，它们拉取 map 的输出并进行 shuffle 操作。在某些情况下，应该对这些数据传输进行加密。MapReduce 支持加密的 shuffle 功能，通过使用 HTTPS 对 shuffle 数据进行加密。若要启用加密的 shuffle，你必须在作业配置中将 `mapreduce.shuffle.ssl.enabled` 设置为 true。注意，必须在所有 NodeManager 上启用带有 truststore 与 keystore 的 SSL 支持。可以从 reducer 端请求证书来确保客户端身份认证。

6.4　小结

在本章中，我们讨论了许多类型的 Hadoop 安全功能。使用防火墙增强 Hadoop 群集的安全性对于阻止对 Hadoop 群集的未授权访问是非常重要的。我们区分了 Hadoop 群集中不同类型的机器并讨论增强这些机器安全性的不同之处。使用 Kerberos 进行身份认证涵盖了 Kerberos 协议的详细概述。我们也涵盖了在 Hadoop 服务等级授权(Hadoop-Service Level Authorization)中提供的第一层授权。安全地模拟成其他用户在中介服务和应用程序中有许多应用场景,而我们也研究了如何使用可插拔身份认证和 SSL 来增强 HTTP 信道的安全性。

应该根据数据的分类保护处于动态和静态的数据。我们涵盖了提取数据到群集的方法和配置,并使用 RPC 和 HTTP 协议确保完整性和机密性。我们还讨论了要启用选择性加密来避免性能退化的方法。为了保护静止在群集上的数据,我们回顾了文件权限、ACL 和 HDFS 透明加密的使用。

数据通过启动群集上的应用程序进行处理,所以我们讨论了 YARN 如何在服务和队列层使用 ACL 对应用程序提交进行授权。然后我们回顾了委托令牌的作用,它在应用程序访问 HDFS 时用来确保持续的身份认证。最后,我们介绍了使用安全容器在数据处理过程中确保进程隔离。你现在已经装备了安全技术武器,可以实现和保障 Hadoop 群集的安全了。

第 7 章

自由的生态圈：Hadoop 与 Apache BigTop

本章内容提要

- 理解软件栈的基本概念
- 查看开源数据处理栈的细节
- 创建你自己的包含 Apache Hadoop 的自定义软件栈
- 部署、测试及管理配置

在现代世界，软件每时每刻都在变得越来越复杂。然而，软件主要的复杂性并不在于算法或棘手的 UI 体验。它对最终用户隐藏并驻留在后端——在软件解决方案(通常称为软件栈)的不同部分之间的关系和通信中。为什么软件栈如此重要，Apache Hadoop 数据处理栈有什么特别的呢？

本章将会展示一些材料来帮助你更好地了解数据处理栈，它由构成了所有现代 Apache Hadoop 发行版的基础软件驱动。本章并非是关于 Apache Bigtop 的完整教材。相反，我们将归纳关于该项目关键特性的快速指南并解释其设计原理。同时将给出一些有用的资源来帮助你增长有关该生态系统的专业知识。

Bigtop 是 Apache 基金会项目，旨在帮助基础设施工程师、数据科学家和应用程序开发人员开发和推进全面打包。这需要测试和管理主要开源大数据组件的配置。现在，Bigtop 支持许多项目，包括但不限于 Hadoop、HBase、Ignite 和 Spark。Bigtop 支持打包成 RPM 和 DEB 格式，以便你可以管理和维护数据处理群集。Bigtop 包括了在操作系统上从零部署 Hadoop 软件栈的机制、图片和方案，它支持许多操作系统，包括 Debian、Ubuntu、CentOS、Fedora、openSUSE 等。Bigtop 为初始部署以及整个数据平台的升级场景提供了各种级别(打包、平台、运行时等)进行测试的工具和框架。

现在是时候深入了解这个令人兴奋的项目的细节了，它真正跨越了现代数据处理领域的每个角落。

7.1　基础概念

致力于各种应用程序的开发者们需要有汇聚点，来自不同团队的产品可以在此处融入软件栈最终的生态系统。为了降低存储层和日志分析子系统之间的不匹配，前者的 API 必须是文档化的、受到支持的和稳定的。日志处理组件的开发者们可以通过使用 Maven、Gradle 或者其他构建和依赖关系管理软件来确定文件系统 API 的版本。这种方法将在 API 和二进制层面提供有关兼容性的有力保证。

当把软件的相同副本部署到真实环境的数据中心和开发者的笔记本电脑时，由于两种环境差异较大，因此所得结果也会截然不同。数据中心环境的很多东西都会不一样：内核更新、操作系统软件包、磁盘分区等。另一个经常被忽视的可变因素是编译环境和过程——旨在编译用于生产部署的二进制模块。编译服务器可能有陈旧或不洁的缓存。其中包含的不正确或过时版本的库会污染产品二进制文件，在不同的部署场景下会导致不同的行为。

在许多情况下，软件开发人员并不了解关于实际业务的情况以及软件实际应用的部署环境。这将导致 IT 无法直接完成产品发布。其中我"最喜欢"的例子是一家大公司的数据中心运营团队，他们有一份关于如何准备正式发布的软件应用程序来使其可部署到生产环境的速查表，其中包含了 23 个步骤。

负责配置、部署和日常运营多租户产品系统的 IT 专业人员都知道维护、更新和升级软件系统(包括应用层、RDBMS、Web 服务器和文件存储)是多么的枯燥和复杂。毫无疑问，他们知道在一个或多个数据中心的数百台电脑上更改配置的任务是多么艰难。

"软件栈"到底是什么？开发人员如何生成可直接部署的软件？运营团队如何简化配置管理和组件维护的复杂性？请跟着我们探讨所有这些问题的答案。

7.1.1　软件栈

典型的软件栈包含若干个(通常多于两个)组件，它们组合在一起创建一个完整的平台，因此无需额外的软件来支持任意应用程序。这可以称为应用程序"在结果平台上运行"或"基于结果平台运行"。最常见的软件栈例子包括 Debian、LAMP 和 OpenStack。在数据处理的世界中，你应该考虑像 Apache Bigtop 这样的基于 Hadoop 的软件栈，以及基于 Bigtop 的 Apache Hadoop 商业发行版：Amazon EMR。Hortonworks Data Platform 是另一个这样的例子。

最广为人知的数据处理软件栈可能是 Apache Hadoop，由 HDFS(存储层)和 MR(基于分布式存储的计算框架)组成。然而，这个简单的组成并不足以满足当今需求。尽管如此，Hadoop 经常用作

高级计算系统的基础。因此，正式的 Hadoop 软件栈将由其他诸如
Apache HBase、Apache Hive、Apache Ambari(安装和管理应用程序)
等组件扩展。最后，你可能会得到类似表 7-1 所示的内容。

表 7-1　组成正式 Hadoop 软件栈的扩展组件

hadoop	2.7.1
hbase	0.98.12
hive	1.2.1
ignite-hadoop	1.5.0
giraph	1.1.0
kafka	0.8.1.1
zeppelin	0.5.5

一个非常重要的问题是：如何构建、验证、部署和管理这种"简
单"的软件栈？首先让我们来谈谈验证。

7.1.2　测试栈

就像上文所述的软件栈一样，你应该能够创建一套组件，唯一
的目的是确保软件不会刚刚投入使用就失效，并且它确实交付了承
诺的东西。由此扩展：测试栈包含大量结合在一起的应用程序，通
过运行某些工作负载、暴露组件的集成点并测试它们相互之间的兼
容性来验证软件栈的可行性。

在上面的示例中，测试栈将包括但不限于集成测试应用程序，
它要确保 Hbase v0.98.16 在 Hadoop 2.7.1 上正常工作。它还必须使
用 Hive 1.2.1、必须能够使用底层的 Hadoop Mapreduce、使用
YARN(Hadoop 资源导航器)并且使用 Hbase 0.98.16 作为外部表的存
储。请记住，Zeppelin 验证应用程序确保为数据科学家正确地构建
并配置了可以与 Hbase、Hive 和 Ignite 一起工作的 notebook。

7.1.3　在我的笔记本电脑上工作

如果你还没有想到"在世界上怎么能生产所有这些软件栈？"，这里有些能让你豁然开朗的东西。典型的现代数据处理栈包括 10 到 30 多个不同的软件组件。绝大多数都是独立的开源项目，有自己的发行系列、时间表和路线图。

不要忘记，在开发和生产配置中，你都需要添加在 CentOS7 和 Ubuntu 14.04 群集上使用 OpenJDK8 运行此软件栈的要求。哦，去年的软件栈怎么样，就是分析部门现在仍然使用的那个？现在它需要在第三季度升级！鉴于所有这一切，"在我的笔记本电脑上工作"的做法已不再可行。

7.2　开发定制的软件栈

软件开发人员、数据科学家或商业供应商如何能够开发、验证和管理复杂系统，其中可能包括市场上尚未提供的组件版本？让我们来探讨开发满足你的软件和运营需求的软件栈需要什么。

7.2.1　Apache Bigtop：历史

Apache Bigtop(`http://bigtop.apache.org`)有多个前身和修订的历史。回到 2004-2005 年，Sun Microsystems Java Enterprise Stack(JES)的创建和交付是由 Tinderbox CI 以及描述软件栈组成(公用库、像目录服务器之类的软件组件、JDK、应用程序服务器版本等)的构建清单完成的。

Sun Microsystems 还进行了另一种尝试，即进一步发展栈框架的概念，目的是管理企业存储服务器的软件栈。现代存储不仅是大堆的磁盘，而是集硬件、操作系统及其之上的应用软件于一体的复杂组合。该框架正在涉及更多的事情，其中包括系统驱动程序、不同版本的操作系统、JES 等。然而，它是领域特定的、有严格的 DB 架构和对实现非常敏感的构建系统。

实际上我们今天所知的 Apache Bigtop 的祖先正用于管理和支持 Yahoo! Hadoop 团队中的 Hadoop 0.20.2xx 软件栈的生产。随着安全性的出现，组合的复杂性大大增加了，并且不可能在现有的时间和资源限制条件下管理它。Yahoo 内部打包格式和运营基础设施非常独特，但事后看来，你可以发现它与今天的开源实现有很多相似之处，这将在本章的后面讨论。

现代 Apache Bigtop 的第一个版本最初是由实现 Yahoo!框架的工程师开发的。这一次它引入了软件和测试栈的正确概念。它是从组件构建中正确地抽象出来的(它们是不同的，因为开发团队来自不同的背景)，它提供了能够在分布式环境中工作的集成测试框架，并且还有许多其他改进。Cloudera 的开发人员提供了部署方案和打包的早期版本。2011 年春季，它被提交给 Apache 软件基金会孵化，后来成为一个顶级项目。

今天，所有 Apache Hadoop 的商业供应商都将 Apache Bigtop 用作其发行版的基本框架。这为最终用户带来了许多好处，因为所有的包布局、配置位置和生命周期管理路径在不同的发行版中以相同的方式完成。后者规则的例外是由 Apache Ambari 和一些闭源群集管理器引入的，它们使用自己的生命周期控制回路，绕过了标准的 Linux init.d 协议。

7.2.2　Apache Bigtop：概念和哲学思想

从概念上讲，Bigtop 是 4 个子系统的组合，它们分别用于不同目的：

(1) 栈组成清单或物料清单(Bill of Materials，BOM)。

(2) Gradle 构建系统管理工件创建(打包)、开发环境配置、集成测试的执行以及一些附加功能。

(3) 集成和冒烟测试以及称为 iTest 的测试框架。

(4) 部署层，使用二进制工件和群集配置管理提供无缝的群集部署。部署通过 Puppet 方案实现。它有助于快速部署功能完备的分布式群集，这些群集可以是安全的或不安全的，并具有正确配置的组件子集。最终栈的组成由用户输入控制。

Apache Bigtop 为栈应用程序开发人员、数据科学家和商业供应商提供了方法和工具包，使得迭代设计、实现和交付数据处理栈变为可预测而且完全可控的过程。从哲学上讲，它采用了经验主义，而非软件开发中的理性方法。你可能会问，为什么需要所有这些复杂的东西？为什么不使用单元和功能测试？

复杂性取决于栈设计所面向的工作环境的性质。很多事情可以影响分布式系统的工作状态。内核补丁级别和配置的排列可能会影响稳定性。运行时环境的版本、网络策略和带宽分配可能会直接削弱你的软件性能。通信线路或服务的故障和你自己的软件配置的细微差别，可能导致数据损坏或全部损失。在某些情况下，开发人员需要在栈上做 A-B 测试，在测试中只有一个属性改变，比如通过应用特定的补丁集到 Hbase 中，然后检查栈是否仍然可行。一般来说，消除所有差异是不可能的：如果有方法实际验证和证明这种说法，那么你只能保证软件栈的特定组成在带有 Y 配置的 X 环境下能够工作。有时已经发布的项目具有在开发、测试和发布过程中遗漏的、向后不兼容的更改。这可以通过使用 Apache Bigtop 的完整栈集成验证来发现(见图 7-1)。这样的发现总是会导致随后的更新，从而为最终用户解决问题。

类似 Jenkins 和 TeamCity 这样的持续集成工具已经成为日常软件工程流程中的一部分。自然，使用 Apache Bigtop 进行持续集成设置缩短了开发周期，而且还具备另一个可以提高软件质量的重要优势(即快速发现缺陷)。可以使用如下所示的信息面板快速查看当前的问题:`https://cwiki.apache.org/confluence/display/BIGTOP/Index`。

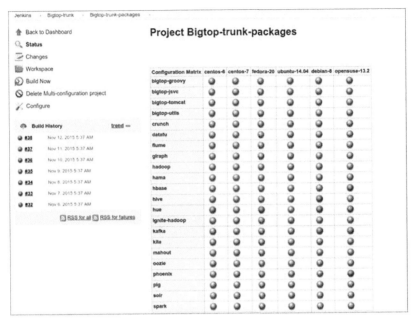

图 7-1

现在让我们继续动手练习创建自己的 Apache 数据处理栈。本章中的所有示例都基于(撰写本书时)最新的 Apache Bigtop 1.1 发行候选版本。

7.2.3　项目结构

在顶层，Bigtop 有几个重要的活动部件。让我们看一下其中一些部件：

- build.gradle：代表构建系统的核心。
- packages.gradle：代表构建系统的核心。
- bigtop.bom：默认栈组成清单。
- bigtop_toolchain/：设置开发环境。
- bigtop-test-framework /：集成测试框架 iTest 的主目录。

- `bigtop-tests/`：包含集成和系统测试所有的代码，与 Maven build 一起在群集上配置环境和运行测试。
- `bigtop-deploy/`：具有分布式群集的所有部署代码，以及虚拟和容器环境。
- `bigtop-packages/`：提供创建可安装的二进制构件所需的所有内容。

让我们进一步了解一下其中某些部件。

7.2.4　谈谈构建系统

Apache Bigtop 构建系统使用 Gradle(`http://gradle.org/`)。Bigtop 源代码树包括 `gradlew` 包装器脚本，为了开始使用 Bigtop，需要 JDK7 或更高版本以及 Bigtop 的克隆仓库：

```
git clone https://git-wip-us.apache.org/repos/asf/bigtop.git
```

也可以从 github.com 镜像 fork 它：`http://github.com/apache/bigtop.git`。

现在，要查看可用任务列表，可以简单地运行：

```
cd bigtop
./gradlew tasks
```

可以一次全部构建栈组件：

```
./gradlew deb or ./gradlew rpm
```

还可以使用显式选择：

```
./gradlew allclean hive-rpm
```

Bigtop build 是框架中几乎所有活动和功能的中心。它用于创建开发环境和构建二进制文件、编译及运行测试、将项目工件部署到中央仓库、构建项目网站和做许多其他的事情。

Bigtop 有一种方法来指定栈中组件之间的依赖关系，因此会在需要时首先自动构建所有的上游依赖。在上面的例子中，如果在构建时传递-Dbuildwithdeps=true，Bigtop 将首先下载和构建 Hadoop，然后才会继续处理 Hive。然而 Hadoop 需要 Zookeeper，因此它的构建将在 Hadoop 组件的创建之前。而默认情况下，Bigtop 只会构建显式指定的组件。

Bigtop 提供了从现有包生成本地 apt 和 yum 仓库的功能。它允许栈开发者通过在本地文件系统中指定仓库位置来快速测试新构建的包。这可以通过运行如下命令完成：

```
./gradlew apt|yum
```

这将使用在顶层 output/目录下发现的所有 DEB 或 RPM 包来创建相应的仓库。

在任何时候，要了解最终用户可用的所有标准任务，可以执行：

```
./gradlew tasks
```

现在我们准备查看如何配置和使用开发环境，这是构建所有高度复杂的数据处理软件(称为 Hadoop 栈)所需要的。

7.2.5　工具链和开发环境

为了创建包含几十个组件的栈，你的系统需要配备大量的开发工具。跟踪这些要求是一项全职工作。幸运的是，位于 bigtop_toolchain/顶层目录下的 Bigtop 工具链可以轻松提供所有支持平台的开发需求。Bigtop 使用 Puppet，不仅用于部署，还用于自己的需要，比如设置开发环境。然而，不需要为了使用它而成为 Puppet 专家。只要确保你有 sudo 权限，然后输入：

```
./gradlew toolchain
```

这将为你的系统自动安装所有包，包括栈组件所需的正确 JDK 版本。

7.2.6　BOM 定义

Bigtop 提供一个材料清单(Bill of Materials)或者一个 BOM 文件，表示包括哪些组件、它们的版本、源代码的位置和一些其他属性。默认的 BOM 文件名是 `bigtop.bom`，它描述了将要创建的栈。BOM 使用简单的自描述 DSL。以下是一个典型的组件描述：

```
'hbase' {
  name      = 'hbase'
  relNotes = 'Apache Hbase'
  version { base = '0.98.12'; pkg = base; release = 1 }
  tarball { destination = "${name}-${version.base}.tar.gz"
           source      = "${name}-${version.base}-src.tar.gz"}
  url { download_path = "/$name/$name-${version.base}/"
       site =    "${apache.APACHE_MIRROR}/
                 ${download_path}"
       archive = "${apache.APACHE_ARCHIVE}/
                 ${download_path}"}
}
```

如你所见，可以使用来自相同范围或来自 BOM 其他部分的已定义变量 pkg = base：

```
download_path = "/$name/$name-${version.base}.
```

如果检测到任何错误，DSL 处理器将停止构建。

组件的标准源是官方的 Apache 项目版本。然而，可以选择通过指向源归档文件的其他位置从别处构建组件。可下载的 URL 会自动构建为 url.site/url.download_path/tarball.source。因此，如果想从 GitHub 仓库使用 branch-1.2 构建 Hbase，请将定义修改为：

```
tarball { destination = "${name}-${version.base}.tar.gz"
         source      = "hbase-1.2.zip" }
url    { download_path = "apache/hbase/archive"
         site = "https://github.com/${download_path}"
         archive = site }
```

然后，可以运行 `./gradlew hbase-clean hbase-deb` 为 Debian 生成一套新的二进制文件。

还有一种方法可以直接从 Git 版本控制系统构建组件包。有关此功能的更多信息，请参阅 Bigtop 源码树顶层文件夹中的 README.md。此外在本章中，如果没有显式指定文件的位置，则可以在顶层文件夹中找到它。

7.3　部署

显然，拥有开发和验证栈的所有工具只能够让你构建包，如果没有办法将它部署并运行一些工作负载就没有什么价值。一般来说，软件栈具有一些方法来安装它们(或者在分布式环境的情况下部署它们)，并且能管理和控制它们的组件和状态。当然 Bigtop 提供了几种方法来准备你的环境。最简单的是使用 Bigtop Provisioner，接下来我们将详细介绍。更复杂的情况下可能涉及编辑一些配置文件，并从命令行运行 Puppet。我们将涵盖这两种情况，有利于在日常工作中管理群集的人员，以及那些只需要快速配置环境来验证开发工作成果的人员。让我们从一个简单的例子开始。

7.3.1　Bigtop Provisioner

Bigtop Provisioner 是该框架的子系统，它提供一种使用虚拟机或 Docker 容器启动完全分布式 Hadoop 群集的便捷方法。可以在项目源码树的 bigtop-deploy/vm 目录下找到它。有关此部署方法的最新信息，请访问：`https://cwiki.apache.org/confluence/display/BIGTOP/Bigtop+Provisioner+User+Guide`。而在这里，我们将解释它是如何工作的。

Provisioner 使用 Vagrant 并且使群集非常均匀地部署到虚拟或容器化环境。请尝试以下操作来看看它是多么简单：

(1) 首先，`<BIGTOP_ROOT>/bigtop-deploy/vm/vagrant-`

puppet-docker vi vagrant config.yaml。

(2) 从 `bigtop/deploy:centos-6` 或 `bigtop/deploy:debian-8` 更新 docker 镜像名称,并将仓库指向 `https://cwiki.apache.org/confluence/ display/BIGTOP/Index`。选择你想要部署的组件：[hadoop、yarn、hbase]

(3) 然后键入以下命令：`./docker-hadoop.sh --create 3`

标准的 Provisioner 有预定义的配置,如果你不需要任何特殊的东西,那么可以直接使用它。集成 Provisioner 到构建系统：

```
./gradlew -Pnum_instances=3 docker-provisioner
```

假设你的电脑已经安装了 Vagrant 和 Docker,执行完上述命令后你会得到一个开启并运行着的完全分布式群集。你应该能够 SSH 到群集节点并按预期执行正常操作。Provisioner 脚本支持更多的命令,参考顶层 README.md 可以获取最新的信息。想要了解有关使用 Docker 的 Hadoop 配置的更多信息,我们建议你从 `http://is.gd/FRP1MG` 上获取 Evans Ye 关于这个话题的演讲。

7.3.2　群集的无主节点 Puppet 部署

对于更复杂的群集配置情况,让我们看看部署系统。可以在项目源码树的 bigtop-deploy/puppet 目录下找到 Bigtop Puppet 方案。让我们看看 Apache Bigtop 如何快速部署一个完全分布式的软件栈。

这是建立群集的高级方法,除非需要自己管理群集,否则你可以跳过本节的其余部分,直接转到“集成验证”部分。与上面的 Provisioner 示例相比,完全分布式部署需要再多几个步骤,但本质上通过再多几个命令,你就可以将群集配置为需要的大小,带有针对 HDFS 和/或 YARN 可选的高可用,以及具备或不具备安全性。增强 Hadoop 群集安全性包括建立和设置自己的 KDC 服务器,这并不容易做到。正如前面章节中所述,Hadoop 安全是一个涉及许多变量的困难主题,而与整个栈的安全性相结合后,它会迅速变成管理的噩梦。如果你对该主题感兴趣，那么请了解 Olaf Flebbe 关于"如何部署安全、高可用的 Hadoop 平台"的演讲。可从 http://is.gd/awcCoD 下载 PDF 幻灯片。

我们对部署机制的要求之一是能够在不同的操作环境下工作。比如在全公司范围内部署系统的情况下，可能并不知道具体的主机名及其角色。这就是以无主动态系统方式实现的原因，其中所有节点具有相同的方案集，但不同节点接收它们自己的配置文件。一旦完成基础工作，所有节点会同时进入其特定状态，从而产生具有所需节点数量的工作群集。部署系统使用 Puppet Hiera 收集用于查找和收集模块的节点信息，并将其与来自 Bigtop 方案的角色定义并列使用。下面是关于其工作方式的高层示例：

- Bigtop 提供了默认的拓扑模板文件 bigtop-deploy/puppet/hieradata/site.yaml，其中定义了群集的几个关键参数，例如 bigtop::hadoop_head_node、hadoop::hadoop_storage_dirs、hadoop_cluster_node::cluster_components 以及可选的 bigtop::roles 清单。**重要：** 必须将头节点(head node)设置为完全限定域名(Fully Qualified Domain Name，FQDN)；否则节点标识无法工作。

- 默认情况下，角色机制是关闭的。为群集中的所有节点分配 worker 角色，并且头节点承担 master 角色。因此，如果你部署了 HDFS 和 YARN，头节点将会运行 NameNode 进程和 ResourceManager 进程。组件集是由 hadoop_cluster_node::cluster_components 定义的。如果没有显式设置列表，那么将会安装和配置所有可用的软件包。

- 要利用这些角色，请在 site.yaml 中设置 bigtop::roles_enabled: true，并按节点指定角色。但是，这可能导致需要为不同节点管理单独的配置，特别是当你的群集拓扑很琐碎时。我们将在下一节中讨论一种可能的处理方法。可以在 bigtop-deploy/puppet/manifests/cluster.pp 清单中找到每个守护进程的完整角色列表。

- 配置参数及其默认值的完整列表可以在 bigtop-deploy/puppet/hieradata/bigtop/cluster.yaml 文件中找到。

现在让我们继续部署本身。首先，你的群集中需要一组节点。研究硬件配置的每个环节已经超出本章和本书的范围。但是，如果你正在阅读这本书，你可能已经知道 Foreman、EC2 或其他工具。为了简化这个例子，我们将不处理基于角色的部署，而是把它作为练习留给读者。

假设有 5 个节点启动并运行 Ubuntu 14.04，主机名为 node[1-5].my.domain。节点将承担的功能如下：

- node1 到 node5 是 worker。
- node1 作为头节点。
- node5 处理网关功能。

部署的栈将包括 HDFS、mapred-app、ignite-hadoop 和 Hive 组件。组件的集合是最小化的，但功能性很强，我们将在第 8 章使用它。

让我们开始使用 node1.my.domain 并克隆/work 目录下的项目 Git 仓库。根据布局，site.yaml 将具有以下内容：

```
bigtop::hadoop_head_node: "node1.my.domain"
bigtop::hadoop_gateway_node: "node5.my.domain"
hadoop::hadoop_storage_dirs:
  - /data/1
  - /data/2
hadoop_cluster_node::cluster_components:
  - ignite_hadoop
  - hive
bigtop::jdk_package_name: "openjdk-7-jre-headless"
bigtop::bigtop_repo_uri: \
"http://bigtop-repos.s3.amazonaws.com/releases/1.1.0/
ubuntu/14.04/x86_64"
```

最新版本的 Bigtop 能够自动检测和设置不同平台中软件包仓库的 URL，在这里稍作一提仅仅是为了更清晰地介绍。

现在我们需要确保所有的节点都有相同的方案和配置。因为 Puppet 需要修改系统的状态，所以必须在特权账户(比如 root)下执行。如果你在所有节点之间使用 SSH 无密码登录，那么这将更容易。或者，你可以在请求时手动输入密码。要同步项目的内容，只需要使用 rsync 命令或其他方式将 /work 文件夹中的内容分发到群集的所有节点。根据我们的经验，实现这一目标的最好方法是使用 pdsh 和 rsync。以下命令将执行该操作。但请注意，你需要指定 SSH 用户名和 SSH 密钥的路径。有关更多详细信息，请参阅 rsync 手册页。

```
export SSH_OPTS="ssh -p 22 -i /root/.ssh/id_dsa.pub -l root"
pdsh -w node[2-5].my.domain rsync $SSH_OPTS -avz
  --delete node1.my.domain:/work /
```

此时，所有的节点应该有相同的 /work 文件夹。但 Puppet Hiera 必须能够从工作区读取配置文件和一些其他文件：

```
vi bigtop-deploy/puppet/hiera.yaml
```

然后你可以将 datadir 指向工作区，所用命令如下所示：

```
:datadir: /work/bigtop-deploy/puppet/hieradata
cp bigtop-deploy/puppet/hiera.yaml /etc/puppet/hiera
pdsh -w node[2-5].my.domain rsynch $SSH_OPTS -avz
  --delete
  node1.my.domain:/etc/puppet/hiera.yaml /etc/puppet/
```

最后的准备步骤是通过运行以下命令确保所有节点具备所需的 Puppet 模块：

```
pdsh -w node[1-5].my.domain 'cd /work && \
puppet apply --modulepath="bigtop-deploy/puppet/
  modules" -e "include
```

```
bigtop_toolchain::puppet-modules"'
```

现在部署工作已经准备就绪：

```
pdsh -w node[1-5].my.domain 'cd /work && \
puppet apply -d --modulepath="bigtop-deploy/puppet/
  modules:/etc/puppet/modules"
  bigtop-deploy/puppet/manifests/site.pp'
```

几分钟后(你的耗时可能因不同的连接速度而异)，你应该就拥有了功能齐全的 Hadoop 群集，其中包括已格式化的 HDFS。你还会拥有设置了正确权限的用户目录，以及其他已完全配置好的组件，其服务已启动并运行。node5.my.domain 现在拥有使用群集服务所需的全部客户端二进制文件和库。请享用！

每个 Apache Bigtop 版本都带有为各种操作系统生成的仓库文件。可以在 https://cwiki.apache.org/confluence/display/BIGTOP/Index 上找到 1.0.0 版本的集合。类似地，一旦发行候选版本获得正式接受，1.1.0 版本将发布在 https://dist.apache.org/repos/dist/release/bigtop/bigtop-1.1.0/repos/。

7.3.3　使用 Puppet 进行配置管理

正如你所看到的，建立真正的分布式群集比简单的 Provisioner 更复杂一些，但它仍然很简单。你可能最终得到由不同批次硬件构建的节点，它们具有不同数量的 RAM 和/或硬盘驱动器。节点的软件组成可以彼此不同，并在流水线中承担它们自己的功能。因此，一部分节点可能只承担 Apache Kafka 节点和服务日志收集的功能，而另一部分可能指定为使用 Apache Flink 进行事件流处理。这些节点配置和包必须按不同的时间表维护或更新；某些维护可能需要重启服务，某些可能不需要。处理这些复杂的事情是一项全职工作。这就是为什么群集编排是一个重要的话题。编排与管理完全不同，但这两个术语常常错误地互换使用。为了不引入太多细节，我们认为编排由架构、工具以及提供预定义服务的进程组成。另一方面，管理为自动化、监控和控制提供工具和信息面板。

Hadoop 供应商确实提供了一些工具来帮助日常管理。它们有些是免费和开源工具，也有些是专有商业工具。你应该能够通过快速搜索轻松地找到它们，但是我们不建议你专注于这些工具，主要有以下三个原因：

(1) 它们与标准的 Linux init.d(或 systemd)生命周期管理不兼容，使用自己的自定义方式来启动、配置和管理群集服务。

(2) 这些工具都是基于 webUI 和交互式的，这使得围绕它们编写脚本和自动化变得相当困难甚至不可能。

(3) 这些工具对系统管理有着自定义的实现，这几乎是无视 Chef 和 Puppet 的创造者积累的几十年操作经验。这是一个非常复杂的话题，专业人士都坚持众所周知的框架，它们也能与类似 Foreman 这样的临时系统完美集成。

然而，对于那些不熟悉软件的人来说，这些管理工具有助于显著降低进入门槛。它们隐藏了很多复杂性，并提供了一个中央控制台观察和控制系统行为。这当然有它自己的好处。

那么专业系统管理员或 DevOps 工程师可以做什么?使用 Unix，最好的结果是通过将一组较小的工具和实用程序放在一起，并且每个负责一个较小的操作。在本例中，我们应该用版本控制系统(VCS)负责群集配置版本方面的事情，并使用 Puppet 来处理它的状态管理。考虑到所有的配置更改必须传播到多台主机，明智的做法是使用分布式 VCS。我们使用 Git，但如果 Subversion 或 Mercurial 更适合，你也可以使用它们。

想法很简单：特定的配置必须分开并独立更新。VCS 分支机制在这里非常适合，不同的组或角色配置放置在它们自己的分支里。现在，配置文件、相应模板以及软件包的版本可以由领域专家(通常是 DevOps 工程师)独立管理。一旦栈更新在测试环境通过验证，就可以通过合并或显式选择分支之间的某些配置更改，轻松地将其推入生产环境。一旦将更改推送到 VCS 服务器，所有节点就都可以获得它，因此可以完全相互隔离地应用更改。状态机(Puppet 或 Chef)将根据给定的方案自动重新启动服务。此过程可以根据需要尽可能地细粒度，并且可以轻松更改而不会发生群集的大规模中断。考虑到没有单一的管理主机或服务，因此也不会出现单点故障。

这是关于它的工作原理概述，但请注意 Git 服务器的安装和配置不在本章的范围之内。该解决方案本质上有三个部分：VCS、cron 和无主节点 Puppet。群集中的每个节点有一个 crontab 条目来执行以下操作：

```
cd /work
git pull origin/node-$ROLE-branch
puppet apply manifests/site.pp
```

环境变量$ROLE 可能在操作系统的初始化配置期间设置或者另外指定。cron 将尽可能频繁地执行上述命令集，使群集的节点保持每个特定配置状态的一致性。

7.4　集成验证

现在，既然我们已经使期望的基于 Hadoop 的群集启动并运行起来，就应该检查它是否按预期工作，以及所有组件是否可以相互良好地配合。确定这一点的最好方法是运行一些工作负载，这样不仅检查群集的各个部分是否按预期工作，而且还将跨越组件边界，以确保它们是二进制和 API 兼容的。Bigtop 有两种方法做到这一点：通过集成或冒烟测试。这两种测试都可以使用任何 JVM 语言编写。

你可以立即发现 Bigtop 中的许多测试以及 iTest 框架都是使用 Groovy 语言编写的。主要原因是 Groovy 提供了动态能力与强类型语言的独特结合。作为真正的多语种语言，你不必担心任意文件扩展名。根据手头需要解决的问题，你可以用 Java 或 Groovy 编写代码。正如你将在后面讨论冒烟测试的章节中看到的那样，Groovy 脚本是一个非常强大的工具。事实上，Groovy 与 Bigtop 构建、实际部署以及栈关系密切。Bigtop 的构建系统 Gradle 是一种 Groovy DSL。我们将使用 Groovy 脚本格式化 HDFS 文件系统，并使用所有预期的库和文件(bigtop-packages/src/common/hadoop/init-hcfs.groovy)填充分布式缓存。注意 `bigtop-groovy` 是 Apache Bigtop 栈的标准包。

Bigtop 目前基本完成了从 Maven 构建系统到 Gradle 的转换。这证明是更全面的，并且更适合那些需要在 Bigtop 项目中管理的各种任务。因此，冒烟测试由 Gradle 构建系统控制，而传统的集成测试仍依赖于 Maven。后者被改造成顶级 Gradle 构建项目，但是完全集成目前还没有完成。不要担心——它即将来临。

一旦完成过渡，Bigtop 将使用 Gradle 多项目构建取代下面解释的 Maven 模块，虽然在概念上讲，它不会迫使用户做出过多修改。

7.4.1 iTests 和验证应用程序

Bigtop 中的所有测试均是一等公民，类似于生产代码。它们并不是真的测试，而是针对特定软件栈做调试的验证应用程序。每个应用程序有两个部分：

- 应用程序代码及其构建环境均位于 test-artifacts/目录下，这里也是设置目标依赖和执行特定 API 的地方。
- Maven 执行器启动应用程序。这些位于 test-execution/下的简单 Maven 模块用于在需要时执行环境的检查和设置。

集成验证应用程序可以使用 Bigtop 集成测试框架(iTest)提供的辅助功能。它可以辅助应用程序及其执行器。iTest 是标准 JUnit v4 的扩展，增加了许多好功能，例如顺序执行测试、直接从 JAR 文件运行测试的能力以及一些其他有用的功能。然而，我们不会过多关注 iTest 本身。如果你有兴趣了解更多内容，可以在 bigtop-test-framework/顶层目录下找到所有相关信息。

现在，测试或验证应用程序更有趣。让我们先来看看集成应用程序工件的开发。

7.4.2　栈集成测试开发

每个验证应用程序都由一个 Maven 模块表示。任何集成应用的开发都分两个部分：代码更改和工件部署。但首先，新的应用程序必须添加到测试栈。与任何 Maven 项目一样，你需要在 bigtop-tests/test-artifacts/文件夹下创建模块结构，并将其列在顶层的 bigtop-tests/testartifacts/pom.xml 中。模块的项目对象模型(或 Maven 中的 POM)将定义它需要的所有依赖项和资源。项目的顶层 POM 拥有包含在栈中的所有组件版本，因此在大多数情况下，模块应该能够在<dependencies>部分简单地列出它们的需求，并且版本将通过父 POM 自动继承。

如果查看现有验证应用程序的代码，你会注意到它们的写法可能是对组件 API(例如 Hadoop 和 HBase)的直接调用。另一种可能性是使用它们自己提供的组件调用命令行实用程序。最后同样重要的一点是，方法包含两者的结合。一些 Hadoop 或 HBase 测试可以开始调用平台 API 来使系统进入某种状态，随后执行 Hadoop 或 HBase CLI 以检查某些功能的可行性。

这两种方法都有它们自己的优点和目的。使用组件 API 的验证应用程序有更好的机会捕捉意外和不兼容更改。编程接口倾向于更细粒度，但它们不一定会立即暴露在面向用户的功能中。因此，直到软件发布给客户以前，API 级别的更改可能都不会引起注意。针对 API 级别的测试对于公开暴露的集成层尤其重要，较低级别的测试可能无法立刻捕获其中方法语义的变化，但它却很有可能违反应用程序合同。这种变化不太可能用单元或功能测试来检测，因为它们可能需要无法模仿或模拟的复杂设置。在这种情况下，集成测试为应用程序开发人员提供了有价值的服务。这种类型的测试相当敏感，并且在代码进入生产群集之前往往会捕获大量问题。另一方面，它们潜在的维护成本较高，并且可能会经常发生故障。

第二种 Bigtop 验证应用程序最适合面向用户的功能，包括类似 Hadoop、Hive 和 HBase 的命令行工具。这种类型的一个很好示例就是 Hadoop 模块中的 TestDFSCLI.java。该测试使用 Hadoop CLI 命令语义的外部定义，并从已部署的群集运行 Hadoop 实用程序，以验证其功能是否像宣传的那样。这些测试往往更加稳定，给开发者的负担更小，但实施它们需要花费更多的时间。

现在我们准备开始开发一个新的验证应用程序。你可能需要针对现有系统运行新代码，以确保其按预期执行。对于验证 API 的应用程序，构建系统应该满足所有的代码需求，并且能够很容易地在你喜欢的 IDE 上运行和调试它们。我们强烈建议将 IntelliJ IDEA 作为开发工具，当然你也可以使用其他的工具。

每当需要为执行设置集成应用程序工件时，你应该能够使用 Maven 部署工具在本地安装它或将其部署到远程仓库服务器。在开发期间，本地安装适用于大多数情况。可以通过运行以下命令完成(针对 Hadoop 测试)：

```
./gradlew install-hadoop
```

在项目的顶层目录中运行该命令。此命令还将涵盖所有额外辅助模块和 POM 文件的安装。所有工件 JAR 将被推送到本地 Maven 仓库，并用于运行集成应用程序。类似地，可以使用 not-yet-gradelized 命令部署工件到远程仓库服务器：

```
mvn deploy -f bigtop-tests/test-artifacts/hadoop/pom.xml
```

此部署要求你使用~/.m2/settings.xml 配置仓库位置和凭据。有关进一步说明，请参阅 Maven 文档。

如果测试代码依赖于群集应用程序的客户端部分，那么你可能需要在开发环境中部署网关位。通过强制执行特定的环境约束和自动构造类路径，巧妙编写的执行器模块可能会非常好用。该路径依赖开发过程中的开发和工件部署两个步骤以及执行器模块的使用。

在观察工作流程之前，让我们快速查看一下集成应用程序执行器。它们可以在 `test-execution` 下找到。smokes/hadoop/pom.xml 中包含并管理着一个面向 Hadoop 的执行器。与工件中的对应部分一样，执行器以 Maven 模块的方式实现。与工件模块不同的是，这些涉及使用了多个插件和额外 common 模块的较复杂构建逻辑。后者定义了大多数执行器常用的许多系统属性，例如测试包括和排除模式、动态创建从工件 JAR 派生的测试列表等。

集成应用程序开发的完整流程如下：

(1) 与任何其他软件开发过程一样，开发应用程序代码。

(2) 每当需要与其他队友共享应用程序工件或其执行器时，使用 Maven 的安装/部署功能将它们传递到如上所述的本地或共享 Maven 仓库。

(3) 可以使用以下命令启动应用程序执行器：

```
mvn verify -f \  bigtop-tests/test-execution/smokes/
hadoop/pom.xml
```

(4) 默认情况下，将从项目的顶层文件夹中运行匹配**/Test*的所有测试。执行器的行为可以通过提供以下几个系统属性来控制：

- `-Dorg.apache.maven-failsafe-plugin.testInc lude=/`
- `'**/IncludingTestsMask* '`只运行测试的一个子集

- `-Dorg.apache.maven-failsafe-plugin.testExclude=/`
- `'**/ExcludingTests*'`来避免运行某些验证应用程序

(5) 当需要跟踪代码或逻辑的任何问题时，将日志级别设置为 TRACE 将会很方便。这可以通过在运行时指定 `Dorg.apache.bigtop.itest.log4j.level=TRACE` 来完成。

在项目的 Wiki 页面中可以找到有关如何部署和运行集成和系统测试的最新信息。

7.4.3 栈的验证

一旦群集完全部署并且熟悉了前面描述的所有工具后，在分布式环境中运行集成应用程序就非常简单了。为方便起见，我们建议你从工作池以外的一部分节点(例如网关节点)运行自己的集成应用程序。原因很简单：工作节点可能在防火墙后面或在验证期间达到满载。在这两种情况下，你可能难以通过访问它来调试代码。此外，网关节点通常会具有所有客户端二进制文件和库，因此集成应用程序将具有所有现成可用的信息。

从指定节点运行测试的另一个原因是更容易与持续集成基础设施集成。以 Jenkins 为例，在提供 Hadoop 栈客户端软件包和 Bigtop 仓库克隆的情况下，创建 Jenkins 从节点或在现有从节点运行容器是非常简单的。一旦测试运行完成，Jenkins 将收集结果并将它们用于进一步处理和分析。尝试使用常规群集节点实现相同的结果可能需要额外的管理工作，以及将测试结果合并到 CI 服务器的方法。

根据"开发"部分中解释的每个蓝图，将 node5.my.domain 配置为群集网关。它还拥有/work 目录下的 Bigtop 源代码库。一旦完成了安装验证工件的步骤，如上面的"堆栈集成测试开发"所示，网关节点将拥有其本地 Maven 仓库中的所有库和 POM 文件。现在你已经准备好验证群集栈的完整性了。

```
cd /work
./gradles install-hadoop
mvn verify -f bigtop-tests/test-execution/smoke/
  hadoop/pom.xml
```

上面的命令可能会立即失败并从 Maven 执行器发出一条警告消息，告诉你需要设置某些环境变量。至少必须设置以下内容：

```
export HADOOP_HOME=/usr/lib/hadoop
export HADOOP_CONF_DIR=/etc/hadoop/conf
```

一旦问题得到处理，接下来应该一帆风顺。如果想验证其他组件，你可以运行以下代码：

```
mvn verify -f bigtop-tests/test-execution/smoke/
  hive/pom.xml
mvn verify -f \   bigtop-tests/test-execution/smoke/
ignite-hadoop/pom.xml
```

或者，可以使用 mvn verify 简单地运行测试栈中所有的可用应用程序。如果部署的栈仅有几个组件，则许多测试可能会失败。当运行完成后，将在组件的 target/文件夹下提供结果，这是 Maven 执行测试的惯例。

7.4.4　群集故障测试

如果不提供将故障事件引入正常运行系统的功能，Bigtop 的 iTest 就不是一个完整的分布式集成测试框架。这通常称为故障注入，类似于把一只活动扳手扔进工作良好的机械装置中。事实上，iTest 已经准备好这样的活动扳手了。iTest 目前提供三种类型的分布式故障：

- 服务终止故障
- 服务重启故障
- 网络关闭故障

故障注入框架需要 SSH 无密码访问将要引入故障的节点，以及在这些节点上无密码 sudo。后者是测试操作系统事件(例如网络接口故障和服务启动/停止)所需的。有关编写群集故障测试的更详细描述，请参阅 `https://cwiki.apache.org/confluence/display/BIGTOP/Running+integration+and+system+tests #Runningintegrationandsystemtests-ClusterFailure -Tests`。

可以以各种方式改进和扩展当前的故障注入框架。Bigtop 社区一直在为该项目寻找新的贡献者，包括但不限于补丁、缺陷修复、文档改进等。

7.4.5 栈的冒烟测试

集成验证应用程序可以部署为 Maven 工件是有原因的。测试栈表示软件栈的特定状态。冻结和释放测试栈的相应状态有许多好处。这样的好处之一是能够在来自同一组二进制构件的任何新部署系统上重复进行软件验证。假设你是从 Apache Bigtop v1.1 启动开发群集。在群集交由其最终用户使用之前，应该迅速验证每一项配置。一种方法是通过从先前发布的工件运行集成套件 v1.1。

然而，在不同的使用情况下，可能希望在开发周期中重复验证功能而不进行任何额外的步骤。最近，Bigtop 社区开始通过引入冒烟测试(smoke test)来简化测试系统。这与之前描述的集成测试之间的主要区别是，冒烟测试可以直接从源代码运行。与集成应用程序构件的用例不同，它不需要额外的准备和部署步骤。

并且它确实非常简单。仅需要切换到 bigtop-tests/smoke-tests/ 并运行：

```
./gradlew clean test -Dsmoke.tests=ignite-hadoop,hive -info
```

它将测试 ignite-hadoop 和 Hive 部署。要记住几件事情：

- 新的冒烟测试并不会覆盖所有组件。还有一种观点甚至强调应该将现有的集成验证应用程序转换为新的冒烟测试。但一直没有解决方法。

- 除非从用于生成软件栈组件的相同分支或标签运行冒烟测试，否则你可能没有准确地测试你所期望的内容。与两种集成测试的情况一样，冒烟测试可以使用较低级别的公共 API 或面向用户的 CLI 工具。如果目标实现不断变化或干脆是不同的，那么前者更容易发生故障。因此，可能需要由用户执行更彻底的版本管理要求。

一般来说，新的冒烟测试是评估群集可行性、验证集成点以及测试系统压力或负载的简便方法。我们当然期待此项目的该部分能够有新的发展。

7.5 将所有工作组合在一起

为什么任何人都需要在框架上浪费精力来完成或许通过几个按键与一些 shell 脚本就能构建的事情？或者，用几行 Python 和 Scala 代码呢？让我们快速重温一下 Bigtop 涵盖的东西及其提供的关键功能。

- 软件栈组合允许用户定义一组软件组件的一致性呈现，以提供完整的平台解决方案或服务。这种架构通过在各级工程组织建立正式流程和机制，增加了软件开发的生产力和可预测性。

- 验证栈组合允许你通过提供的集成测试套件和功能丰富的集成测试框架将软件栈提供的各种功能需求绑定在一起。

- 标准的 Linux 打包代表一种简单的方法，可以使用标准的生命周期管理界面和配置来安装和配置大量软件服务。

- 部署和配置管理框架确保软件栈和验证栈的可重复性和可控性，以实现更高水平的系统编排和服务的持续交付。

这些是 Apache Bigtop 框架的 4 个关键原则。该项目背后的社区在系统架构和集成方面已经投入了数十年的丰富经验，他们交付这个顶级的行业标准设施，以提供一种应对日常数据处理需求的简单方法。

7.6　小结

有些人可能仍然不相信 Apache Bigtop 是自切片面包以来最好的东西。而且他们不想承担软件栈开发过程的所有复杂性。毕竟，不是每个人都想处理系统架构和集成设计。在这种情况下，Apache Bigtop 仍然可以帮助你构建、管理和改进数据处理流水线。

Bigtop 社区努力地定期产出高质量版本的 Apache 数据处理栈，包括 Apache 项目的最新稳定版本。在撰写本文时，最新发布的版本是 Bigtop 1.1。如本章"部署"一节中所述，可以立即开始使用它。

此外，你可能会发现 Bigtop 的统计建模应用程序对数据专业人员具有很高的价值。有关它的源代码和更多信息，可以在 bigtop-datagenerators/文件夹下找到。框架和用例在 RJ Nowling 最近关于"Synthetic Data Generation for Realistic Analytics"的演讲中有详细解释，可从 `http://is.gd/wQ0riv` 获得。

> **更多资源**
>
> 这里有更多有用的资源，你可以找到有关项目的额外信息、有用的提示和最佳实践以及来自开发社区和用户的直接帮助。项目 wiki(`https://cwiki.apache.org/confluence/display/BIGTOP/`)包含一些解决特殊情况的有用信息。它提供演示文稿的幻灯片、视频教程、会议链接等。
>
> Bigtop 的博客(`https://blogs.apache.org/bigtop`)是

接收新的发布、有趣的功能以及项目更新的很好方式。也欢迎你订阅@ASFBigtop 的 Twitter。

  Bigtop Jenkins 服务器(`http://ci.bigtop.apache.org`)拥有用于不同操作系统的最新构建包,同时显示最新测试的运行情况。

第 8 章

Hadoop 软件栈的 In-Memory 计算

本章内容提要

- In-Memory 计算简介
- Apache Ignite 平台下 MapReduce 速度提升 30 倍
- In-Memory 文件系统：HDFS 缓存
- 用于状态共享和快速 SQL 的 Apache Ignite 的高级用法

现在，你已经熟悉了 Hadoop 平台、其广泛的生态系统以及平台上的一些计算引擎。对传统 MapReduce 计算框架的优缺点也已经有所了解。其中一个优点是它的线性可扩展性和并行处理数据的能力，但是这会带来成本过度依赖底层分布式存储的问题。MapReduce 作业的每个阶段都需要写入文件系统，这会提高容错性。从 mapper

传递数据到 reducer 的过程，或者所谓的 shuffle(洗牌)阶段，当中间数据在节点之间复制时可能会给网络带宽造成很大压力。

本章将介绍更高级的数据处理主题。在这里我们会探讨一些替代的计算引擎和计算技术，和传统系统不同的是，它们开辟了大量有益的突破和利用传统平台的新方式。

Hadoop 创始之初就做过许多尝试，想让 MapReduce 计算框架更简单，对非程序员人群更适用。对此通常可用的系统是 Hive，如第 4 章所述。它在 MapReduce 顶层添加了 SQL 引擎，提供了 SQL 语言的子集(HQL)用于分析非结构化的数据。显然，尽管 MapReduce 是系统的引擎，它仍旧是一个瓶颈问题。

近几年来，开发人员一直致力于改进这个模型。第 3 章中描述的 Apache Spark，就提供了一种替代的计算引擎，通常称其为 MapReduce 2.0。在此系统中计算查询计划更高效，主要基于 In-Memory 进行数据转换。直接结果就是，通过这个新模型能够实现可观的性能提升。尽管这并不是它本来的目的。单独的 Spark 作业不能共享状态，需要将其序列化到磁盘以避免数据丢失。当不同的数据处理流水线或者 ETL 需要彼此共享结果时，Spark 有很大的局限性。在 Spark 上进行 SQL 处理似乎是一个明确的想法，经过几次试验后社区似乎更趋向于在 Spark 引擎顶层使用 Hive HQL。该项目相对较新，但是它已经展示出了引人关注的潜力。

谈到 Hadoop 数据库则必须提及 HBase，它也使用 HDFS 作为存储，但是基于独特的数据组织实现了快速响应 SLA，有时候甚至可以接近实时。当需要较短响应时间和快速更新能力的解决方案时可以采用该系统。

除了 HBase 的情况稍有例外，对于上述系统以及其他系统，共同的主题都是如何处理数据存储。因为这些系统仅在计算时使用计算机内存，通常把数据保存在较慢的磁盘存储中，我们称之为"磁盘优先"。但是事实上，所有的数据处理系统都像这样吗？如果这是你第一次接触这一主题，那么以 HBase 作为开始阅读一些介绍性材料或者跟进文章中的一些链接可能会让你受益良多。或者干脆继续阅读本章。

8.1　In-Memory 计算简介

什么是 In-Memory 计算？这个词难于理解吗？毕竟，即使是第一代计算机也要把数据加载到某种形式的内存，连接 CPU，以便在其上工作。因此，所有的计算实际上都是在内存中完成的。但 RAM 是有限的，很难让大量的程序使用它。在多租户和共享操作系统中，大量进程可能会竞争使用 RAM，以保存其中的数据对象和结构。由于物理局限性，软件通常只会在计算机内存中加载和保存它马上需要的东西，一旦不再需要数据了就会把一切放在磁盘系统中。然而，这种模式的存在主要是出于经济原因：内存是相当昂贵的。内存作为所有计算机系统的稀缺资源，需求很高。

1995 年底，RAM 平均 100 美元每兆字节，或约 100 000 美元每十亿字节。而 2015 年底，商用级 DIMM3 RAM 的预计花费约 4～6 美元每十亿字节。价格从 100 000 美元降到 5 美元，大约削减了 20 000 倍。同一时期美元大约贬值了 60%：1995 年的 100 美元可以购买现在 160 美元的商品。现代旋转驱动器硬盘约为 30 美元每太字节；SSD(固态硬盘)的花费大概是前者的 10 倍左右。性能证明了 RAM 额外费用的合理性。RAM 大约比旋转驱动器硬盘快 5000 倍，比 SSD(固态硬盘)仍快 2500 倍。

回想一下，花费 6000 美元购买每太字节的 RAM 与花费 300 美元购买同等大小的 SSD 相比，显然前者更划算。虽然很难找到有这么大 RAM 的单个系统，但是你用一辆汽车的价格就能构建多节点的计算机群集，提供尽可能多的联合内存。和所有分布式系统一样，有效地解决多台计算机共享内存是一个挑战。然而，好处是压倒一切的。

现在，越来越多的人开始关注大数据。然而，"大"是主观的，并没有很好的定义。领先的分析公司对此做出了深入的研究，试图找出"大"在现实中的含义，而不是在市场白皮书这个层面中的含义。在大数据炒作的影响下，结果可能与你预期的恰恰相反。据调查在 2015 年初，近 800 家公司中最大的相关数据集大约是 80TB。像这样的数据集不需要同时在一个群集内存中的概率很高。那么完全可能的是，一个有适度 IT 预算的组织即使在今天也能负担得起 In-Memory 处理。

很显然，对于这些类型的计算节点是有需求的。亚马逊刚刚宣布新的高性能 X1 实例(物理服务器的虚拟切片)配备有 2TB RAM。X1 实例还将配备超过 100 个 vCPU。虽然现在价格信息还是未知的，但是考虑到这个领域中的高收益和创新竞争，不难想象一年之内会是什么走向。

1945 年，由冯·诺依曼和阿兰·图灵提出的现代计算机体系结构是我们一直推崇的，除非量子技术有一个飞跃。而在那之前，随着价格的下降和非易失性设计的蓬勃发展，RAM 似乎会成为最有前途的存储媒介。

另一方面，跨多台计算机"连接"RAM 技术的发展极具挑战性。快速观察此类解决方案的现代商业市场显示出，在他们的发展方向上具备专业知识和创新点的公司不到十几家。

这项技术的垂直市场非常巨大并且在迅速增长。In-Memory 计算在不同行业中的典型用途包括：

- 投资和零售银行业务
- 医学影像处理
- 自然语言处理和认知计算
- 实时情感分析
- 保险索赔处理和建模

- 实时广告平台
- 在线游戏商业平台
- 超本地广告
- 地理空间/地理信息系统(GIS)处理
- 实时机器学习
- 传感数据流的复杂事件处理

因此，如何让 In-Memory 计算有益于大量数据的处理呢？处理内存中大量的数据实际吗？或者可能吗？在本章的其余部分，我们将深入探讨一个非常有趣的 Apache 软件基金会顶级项目——Apache Ignite™。

8.2　Apache Ignite：内存优先

这是我们认为正确的 In-Memory 计算定义：在 RAM 中存储数据的中间件软件，跨计算机群集并行处理。很快就可以明确的是，"在 RAM 中存储数据"是把 IMC 系统和之前所说的"磁盘优先"系统区分开的主要因素。不仅是对于软件代码，也是对处理数据而编写的代码来说，应该将 RAM 视为这些系统中的主存储。数据当然需要以某种方式转移到 RAM 中，除非是它由软件直接生成。这可以通过不同的手段实现，从磁盘存储开始原始加载，或者从外部源通过网络流加载。然而，一旦数据在内存中，为了保留更新或者更改的状态，并不会将它卸载到外部存储。相反，它仍旧保留在那里，对于可能需要它的软件应用立即可用。显然，在某些时候，数据可能会超出 RAM 容量。在这种情况下，一部分数据会从 RAM 移动到二级存储中。在本章的后面我们会看到，Apache Ignite 采用一些巧妙的方式处理这个问题。

也许有人会说,这和 JVM 的内存管理中垃圾收集处理旧的和未使用的对象有什么不同？首先，对于大型堆来说，垃圾收集是非常昂贵的。对于 JVM 堆配置为 128+GB 的生产系统来说，确实很难让它不进行长停顿一直工作，需要在停顿时清理陈旧的数据结构得到内存。另一方面，垃圾收集(GC)缺乏较好的回收粒度：如果一个对象没有被引用，那么就回收它。但是当一个较大的集合完全占据了该节点的 RAM 时，这种情况下你该怎么做呢？如何才能自动去掉其中的一些元素呢？GC 无法解决这种用例，因为集合中每个元素都至少被集合本身引用。

让我们考虑一个更复杂的示例：集合跨越多个节点的内存。在该例中，集合是以某种方式分区的，即在前两个节点上复制某些元素。一些其他元素复制到其他两个节点上，等等。在这种特定情况下，GC 完全束手无策。或许你可以求助于分布式垃圾收集，但是这很可能会让你的系统停止工作。

更常见的解决方案是提供缓存实现方式,在持久性存储和 RAM 之间加载/卸载数据。现在常用的 API 标准在 JSR 107 和 JCache 中有所描述，很多供应商都已经实现了。JCache 标准化了(以下仅列出一部分)：

- In-Memory 键值存储
- 基本缓存操作
- ConcurrentMap API
- 可插拔持久化

那么让我们看看 Apache Ignite 是如何处理这些复杂问题的，以及将 Ignite 群集添加到数据栈之后能够带来哪些提升。但是首先，我们先快速地重温一下 Ignite 的体系架构：它包含哪些组件以及有哪些功能。

8.2.1 Apache Ignite 的系统体系架构

Apache Ignite 起初是一个数据网格平台(见图 8-1)。数据网格在 2000 年初是非常受欢迎的想法。但是计算机产业的经济发生了巨大的变化，包括网络硬件的巨大改善，以及 RAM 价格的急剧下降，这些都让数据网格平台变得可负担得起。现代 Apache Ignite 的发展超出了最初的设定，成为了数据结构(data fabric)，把数据存储层、计算和服务层等都结合在一起。

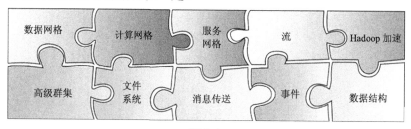

图 8-1

每一块拼图都扮演着不同的角色。其中一些是方便的适配器，允许把其他应用和工具插入到核心中，并且利用高效 In-Memory 缓存的优势。其他的(例如数据网格)给平台自身提供了功能核心。使用群集 RAM 作为主存储，允许栈中所有组件协同使用它，而无须以很高的代价在文件系统中往返。

8.2.2　数据网格

Ignite In-Memory 数据网格是键值形式的 In-Memory 存储，使得用户能够在分布式群集内存中缓存数据(见图 8-2)。它的构建从基础开始，可以线性地扩展为数百个节点，它具备数据位置的强语义和关联数据路由，因而可以减少冗余数据噪声。

通常来说，这一层提供了具有巧妙复制技术的存储设施，并且能够为数据持久化提供二级存储系统。在本章后面你将看到，这是平台其他部分的基础。Ignite 本质上操作的是缓存，或者更确切地说，是一个分布式分区的哈希表。每个群集节点都拥有部分数据，从而支持存储的线性可扩展性。

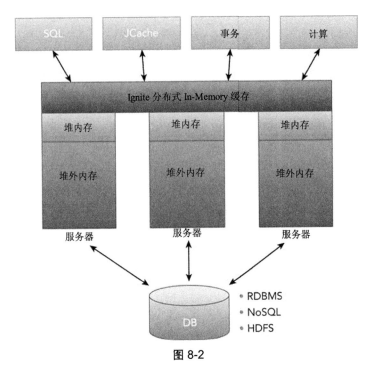

图 8-2

用户可以根据所需尽可能多地创建缓存。所创建缓存的类型可以是分区(PARTITIONED)、复制(REPLICATED)或者本地(LOCAL)。顾名思义，分区(PARTITIONED)类型的缓存允许你将数据划分为多个分区，所有分区在参与节点间都能平等划分(见图 8-3)。这允许你跨越所有群集节点存储和处理若干太字节的数据集。这种类型的缓存适用于经常需要更新的大型数据集。

复制(REPLICATED)类型缓存(见图 8-4)对群集中每个节点的数据都建立副本，因此它提供了最高级别的数据可用性。显然，这种冗余牺牲了性能和可扩展性。在底层，复制缓存是分区缓存的一种特殊变体，每个键在其他群集节点上都有主拷贝和备份。

分区缓存

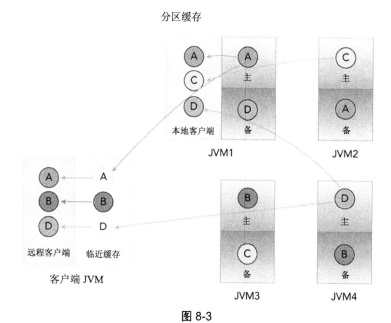

图 8-3

复制缓存

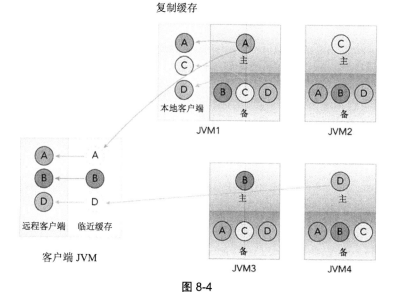

图 8-4

最后，在本地(LOCAL)模式下的缓存没有数据分布特性。因此，它是数据为只读，或者需要定期刷新情况下的理想选择。稍后会讨论群集单例，它可从本地(LOCAL)类型缓存中获益。

8.2.3 高可用性讨论

和其他键值存储一样，Ignite 基于数据位置或者关联的概念进行操作。不同的是，这个哈希机制是可插拔的。每个客户端都可以通过把键插入到哈希函数中来确定键属于哪个节点，无需任何服务和管理元数据的特殊映射服务器或者节点。由于很多原因，这一点非常重要。让我们来回顾一下其中一些原因。

无 master 属性可以自动免除单点故障(Single Point Of Failure，SPOF)的情况，增加可用性和结构的可扩展性。单点故障是 HDFS 的常见问题之一。如果由于网络或硬件故障无法访问 NameNode，或者由于长时间的垃圾收集(GC)停顿，那么整个 HDFS 群集会失去响应。为了解决该问题，Hadoop 提供了一个特殊的 HA 框架。从本质上讲，它使用 Apache Zookeeper，基于 ZAB 协议完成 leader 的重新选举。在 HA 支持下进行配置时，HDFS 同时运行活跃的以及备用的 NameNode，它们通过 Zookeeper 保持同步：一旦活跃的 master 停止，则会强制客户端使用变为活跃的备用 master。该算法非常适用于主-备用例。对于单个 master 的分布式系统来说，这是很常见的问题。HDFS NameNode 是 SPOF，所以其高可用性框架非常复杂。它涉及很多移动部件，并且显著增加了文件系统的操作复杂性和整体资源占用量。

另一种常见但是经常被忽视的问题是，单个 master(或者单个活跃 master)的分布式系统不适用于全球群集。在两个或多个群集通过 WAN 连接工作的情况下，单个 master 的孤立会导致整个全球系统服务的损失。类似 ZAB 这样的 leader 重新选举协议也可能会导致很严重的冲突，这种情况称为脑裂(split-brain)。让我们给出脑裂的定义：假定群集 A 拥有 leader 节点，而群集 B 的节点是它的从节点。
在两个群集间网络阻断的情况下，群集 B 将重新选举一个新的
leader。然而，群集 A 仍然有一个正在运行的 master。现在，由于
数据修改不是由一个(而是两个独立的)master 来协调，因此之前的
全球群集开始分裂为两部分。

　　Ignite 数据网格是一个无 master 系统，提供了更好的可用性保
障，并且可以防止发生脑裂的情况。

8.2.4　计算网格

　　分布式计算以并行执行的方式获得高性能、低延迟以及线性可
扩展性。Ignite 计算网格提供了一组简单的 API，允许用户跨越群集
中的多台计算机进行分布式计算和数据处理。分布式并行处理基于
在任意群集节点集合上进行计算和执行并且将结果返回的能力而实
现。该层结构具有负载平衡、容错、数据和计算搭配等许多其他
属性。

　　计算网格允许应用程序充分利用群集中的多个计算节点，因此
资源竞争不会阻碍执行。Ignite 缺乏传统意义上的作业调度器。没
有指定的组件跟踪群集资源利用率、作业资源需求等。所有的作业
在初始任务拆分或客户端封闭执行期间映射到群集节点。一旦作业
到达指定节点，它们就会被提交到线程池，然后随机执行。然而，
这些机制允许你在必要时更改执行顺序。

　　随着直接发送作业到计算节点并在线程池中执行，集中资源管
理器的需求就消失了。这再一次提升了系统的整体可用性。然而，
计算节点仍有可能会关闭、崩溃或者开始运行缓慢。这种情况下，
Ignite 支持自动的作业故障转移。在节点崩溃的情况下，自动转移
作业到其他可用节点并且重新执行。因此，Ignite 提供了至少一个
保证，即只要至少有一个正在运行的节点，就不会丢失作业。

　　请参阅 Ignite 文档深入了解有关主题的详细信息。

8.2.5　服务网格

服务网格允许在群集上部署用户定义的任意服务。你可以实现和部署任何服务，例如自定义计数器、ID 生成器、分层 map 等。该层允许你控制已部署服务的生命周期和基数，并为故障和拓扑变化事件提供持续的可用性保证。单例服务是一个特别有意思的基数控制案例。用户可以部署三种类型的单例，包括：

- 节点单例
- 群集单例
- 键关系单例，服务运行依赖于键的存在。

结合先进的群集层，该功能创建了一个非常强大的系统，并且在群集中部署和管理分布式服务的复杂拓扑。从根本上说，即使确实需要另一个资源协调者，使用 Ignite 服务网格实现和 YARN 相似的资源分配器也并没有实际的障碍。

8.2.6　内存管理

虽然内存管理和 Ignite 所用的模型应该是在数据网格层中的讨论内容，但还是让我们稍微深入地了解一下。如前所述，Apache Ignite 提供 JSR107 规范的实现。然而，它超越 JCache 并提供了数据加载、查询、异步模式等许多功能。为了实现最佳性能和低延迟的效果，系统需要走出传统的 JVM 堆和磁盘存储生态系统。我们已经简要介绍了大型堆垃圾收集(GC)中目前存在的停顿问题。因为这个特殊原因，数据网格添加了对堆外内存的支持。

Ignite 实现了多层内存管理模型。通常支持以下三种类型的内存：

- 堆内存(有 GC 的 JVM 堆)
- 堆外内存(不由 JVM 管理，无垃圾收集)
- 交换内存

每一层相比下一层来说，均提供更大的容量，但同时会引入更高的延迟。基于数据大小和性能考虑，用户可以在其中的一层中创建缓存。作为一个可选项，可以将较低层的数据迁移到更高层。表 8-1 描述了创建缓存的模式。

表 8-1　缓存创建模式

内存模式	描述
ONHEAP_TIERED	在堆内存储条目或者迁移到堆外，或者可选地迁移到交换内存
OFFHEAP_TIERED	在堆外存储条目，绕过堆或者可选地迁移到交换内存
OFFHEAP_VALUES	在堆内存储键，堆外存储值

通过下面的代码片段可以快速理解这些操作：

```
CacheConfiguration cacheCfg = new CacheConfiguration();
cacheCfg.setMemoryMode(CacheMemoryMode.ONHEAP_TIERED);
// Set off-heap memory to 10GB (0 for unlimited)
cacheCfg.setOffHeapMaxMemory(10 * 1024L * 1024L * 1024L);
CacheFifoEvictionPolicy evctPolicy = new
  CacheFifoEvictionPolicy();
// Store only 100,000 entries on-heap.
evctPolicy.setMaxSize(100000);
cacheCfg.setEvictionPolicy(evctPolicy);
IgniteConfiguration cfg = new IgniteConfiguration();
cfg.setCacheConfiguration(cacheCfg);
```

迁移策略是可插拔的。Ignite 已经实现了大量的策略，例如 LRU、FIFO、排序等。用户也可以提供自定义迁移策略。

在不同内存层之间无缝地上下转换对应用程序开发者来说非常有益。现在，这种复杂的逻辑通过简单的 API 即可用于任何组件，更好的是，可以通过简单的抽象机制(例如文件系统)在应用程序之间共享内存中的数据。

8.2.7 持久化存储

此特性允许从持久化存储中读取数据，或者将数据写入到持久化存储。持久化存储可能是类似 PostgreSQL 这样的关系型数据库服务器，或是类似 Cassandra 这样的 NOSQL 系统，或是类似 HDFS 这样的分布式文件系统。额外的优势在于，Ignite CacheStore 接口简化了 JCache CacheLoader 和 CacheWriter 的工作，它是完全事务性的。Ignite 提供了异步持久化的选项，以及在高速率缓存更新情况下的 write-behind 机制。因为较高的操作负载，后者可能会给存储系统性能带来负面影响。write-behind 是批处理操作的常用术语，即在更新积累一段时间后异步地溢写到持久化存储中。

Ignite 的另一项自动持久化功能用于从关系型数据库中检索领域模型，或者将领域模型 write-through(直写)到关系型数据库中。Ignite 自身带有 DB 模式映射向导，支持与持久化存储的自动集成。该实用程序自动连接到底层数据库，并生成全部所需的 OR 映射配置和 POJO 领域模型类。随着无模式数据格式越来越受到欢迎，可能很快就会有针对数据交换格式(例如 JSON)的类似功能。

8.3 使用 Ignite 加速旧式 Hadoop

如上所述，无论是在传统的企业环境中，还是对于有模式读取和流式体系结构，Apache Ignite 的所有部分都很有用，能为应用程序开发者带来巨大的增值。然而，对 Hadoop 用户来说最感兴趣的可能是 In-Memory 加速层。通常来说，它包括两部分：

- In-Memory 文件系统，或者说 Ignite 文件系统(Ignite File System，IGFS)，拥有可插拔的二级文件系统，用于高效地缓存到持久化存储中。

- In-Memory 高性能的 MapReduce 实现能够完全并且透明地替换 Hadoop 中的 MapReduce。使用 Ignite MapReduce 不需

要 JobTracker 和 ResourceManager，因为可以通过计算网格进行所有的调度。

8.3.1　In-Memory 存储的好处

自从计算的早期，人们就认为磁盘存储很缓慢。如果一个程序必须使用磁盘存储，则认为该操作会带来性能损失。RAM 磁盘是提供内存中存储文件接口的早期技术之一。它在 1980 年推出，用于 CP/M 操作系统。有趣的是，即使在今天该技术仍可以作为一种标准工具用于几乎任何 Linux 发行版。例如，Ubuntu 创建了特殊的 tmpfs，大小限于计算机物理内存的一半。tmpfs 可以挂载到用户空间，任何人都能使用。一些非官方的小规模测试显示，可以将 1GB 的文件以 2.8 GB/s 的速度写入内存磁盘(ramdisk)。在固态硬盘驱动中写入同样数据的时间会更长，平均速度为 2.8 MB/s，或者说慢三个数量级。但这并不是什么新鲜事。正如我们前面讨论过的，RAM 比任何二级存储都要快。

RAM 磁盘仅提供了文件系统的抽象。即使数据是以不同结构表示的，需要共享数据的应用程序也必须借助于读写文件和目录的操作方式。最终，数据将序列化为适用于文件的形式，在需要时再反序列化。同时，如果在纯文件模式框架下，类似事务这样的高级处理会变得棘手，甚至不可行。在分布式环境中，需要跨越多个执行者复制和共享数据，文件系统块级别的抽象只是增加了软件系统的复杂性。

很显然，尽管效果不错，RAM 磁盘概念也有其设计的局限性，但是在为原本的目标和用例提供服务时都相当好。很多学术人员和不太著名的行业应用者都试图找到分布式 RAM 磁盘的解决方案，或者设计网络 RAM 的实现方案。后者或许至少要考虑在局域网中交换内存数据可能造成的网络拥堵。

记住了这一点，我们可以稍停片刻回忆一下已知的 Apache

Ignite 分布式缓存及其属性。这是分布式键-值存储，具有较强的一致性保证以及允许插入各种适配器的简单 API。它本质上是分布式对象存储，如果需要的话将非常适合块存储。这引出了使用 Ignite 数据网格提供文件系统缓存的思路。我们已经讨论了 Apache Ignite 中的强持久化支持。下面讨论的文件系统适配器只是其中一个可能的实现。

8.3.2 内存文件系统：HDFS 缓存

HDFS 和其他 Hadoop 兼容文件系统(Hadoop Compatible File System，HCFS)似乎是可扩展分布式存储的常见实现方式。但是和任何基于磁盘的存储一样，它们和 RAM 相比始终存在不足。我们已介绍过尝试缓存分布式内容遇到的困难，因为缓存所使用的内存技术只适用于本地存储数据。在操作分布式内容时仍旧面临着性能和实现方面的挑战，鉴于此，我们将不再探索通过 RAM 缓存加快本地访问的可能性。相反，将深入研究如何把文件系统实现为分布式对象存储的辅助属性。

Ignite 文件系统(IGFS)是 In-Memory 文件系统，可以在现有的缓存基础设施上对文件和目录进行操作。IGFS 不仅可以作为一个纯粹的 In-Memory 文件系统工作，也可以委托另一个文件系统(例如各种类似 Hadoop 的文件系统实现)作为其缓存层。此外，IGFS 提供了在文件系统数据之上执行 MapReduce 任务的 API。IGFS 支持常规的文件和目录操作。作为中间件平台的一部分，能直接通过 Java 应用程序代码对它进行配置和访问。

Apache Ignite 附带 HCFS，它与 IGFS 子系统类似，称为 IgniteHadoopFileSystem。任何兼容 HCFS API 的客户端都能够充分利用即插即用的实现，同时显著减少 I/O 并改善延迟和吞吐量。图 8-5 中展示了这个架构。

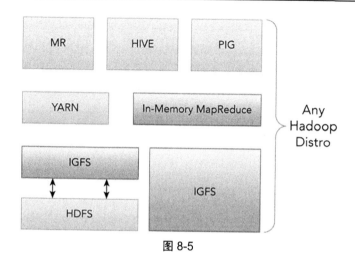

图 8-5

IGFS 的配置相当简单，如果你使用 Apache Bigtop 部署群集，那么它已经可用了。从操作的角度来看，Ignite 进程需要访问一些 Hadoop JAR 文件；客户端需要把一些 Ignite JAR 添加到其类路径中。常见的做法是把它们添加到 HADOOP_CLASSPATH 环境变量中。IGFS 可以通过其自身文件系统 URL 访问。下面是一些示例：

```
igfs://igfs@node2.my.domain/
igfs://igfs@localhost/
```

当把 IGFS 配置为使用 HCFS 实例时，用户仍能访问 HCFS。在这种情况下，In-Memory 缓存的所有好处都无法使用。

8.3.3　In-MemoryMapReduce

Ignite 的 In-MemoryMapReduce 可以让你对存储在任何 HDFS 兼容文件系统中的数据进行有效的并行处理。它消除了与标准 Hadoop 体系架构中作业跟踪器及任务跟踪器相关的开销，同时提供了低延迟、HPC 风格的分布式处理。图 8-6 中展示了两种 MapReduce 实现方式的区别。

243

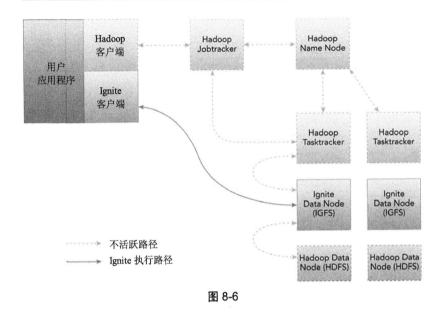

不活跃路径

Ignite 执行路径

图 8-6

还有其他替代的 MapReduce(最著名的是 Apache Spark)，Ignite 的组件有以下特点：

- 非侵入性：不需要在 Hadoop 层做任何改变。
- 对现有的 MapReduce 协议完全透明并且完全兼容：无须对用户应用程序重新编译、重新部署或者做任何改变。简单的环境变量设置就足以启用新引擎。
- 保留旧式代码：无须在为不同库或者 API 重新编写应用程序上花费开发时间。更好的是，不用再去学习新的编程语言。

如果你还有我们上一章建立和部署的群集，那么现在是时候把它拿出来了，因为我们要使用它。已部署群集应包括分布式磁盘存储层(HDFS)、Hive、Apache Ignite 加速器组件。我们的群集中并没有作业跟踪器 JobTracker(MR1)和 YARN(MR2)软件。我们所做的这些是为了更好的效果，因为组件不到位的话 MapReduce 应用程序将无法正常工作。这包括依赖于 MapReduce 计算引擎的 Hive。虽然栈中部署了 mapred-app 组件，但是它只包括 MapReduce 应用程序代码示例。

让我们看看 Apache Ignite 带来的优势。在第 7 章的部署练习中，Bigtop 流程提供了一些客户端配置文件，允许任意 Hadoop 客户端利用 Ignite 加速器。默认情况下，在部署了 Ignite 的每个群集节点的/etc/hadoop/ignite.client.conf/路径下进行这些设置。你会在这里找到三个非常熟悉的文件：`core-site.xml`、`mapred-site.xml` 和 `hive-site.xml`。但令人惊喜的是，这些文件比你印象中的 Hadoop 文件还要简单。前两个本质上只是设置 `fs.defaultFS` 和 `mapreduce.jobtracker.address` 位置的新值。最后一个比较繁琐，所以我们暂不讨论。

如果你查看过 core 文件和 mapred 站点文件，你会注意到 NameNode 和 JobTracker 的地址都被设置为 localhost，而不是任意的主机名。我们在"高可用性讨论"一节中已经了解过原因了。群集中任意一个节点都会因为这样或那样的原因而消失。然而，在无 master 环境(或者说是在多 master 环境)下，应该对客户端应用程序稍加关注，因为请求会去其他地方并得到服务。

那好，让我们运行一个标准的 MapReduce 作业。没必要去找一些 MapReduce 代码，因为 mapred-app 组件中已经有一些示例归档文件。首先，我们让客户端指向加速器层而不是基础 Hadoop：

```
export HADOOP_CONF_DIR=/etc/hadoop/ignite.client.conf/
export HADOOP_CLASSPATH=/usr/lib/ignite-hadoop/libs/
ignite-core-1.5.jar:\/usr/lib/ignite-hadoop/libs/
ignite-hadoop/ignite-hadoop-1.5.jar
```

如果你的群集配置了使用 HDFS 作为二级文件系统，那么最后的 export 是必需的。我们的 Bigtop 群集就是如此。那么一切就是这样。所有都准备好后就可以使用 In-Memory 计算引擎运行旧式 MapReduce 代码。

让我们运行对 PI 值的估计。如果不是必须的话，没有人喜欢手动键入，因此我们设置了一个变量指向示例 JAR 文件，后面是一个标准的 Hadoop 命令：

```
export \
  MR_JAR=/usr/lib/hadoop-mapreduce/hadoop-mapreduce-
    examples.jar
hadoop jar $MR_JAR pi 20 20
```

运行得如何？够快吗？运行一个传统的 MapReduce 入门程序(单词计数)如何？我们抓取马克·吐温所写的汤姆·索亚历险记，并对其中的单词进行计数：

```
wget -O - https://www.gutenberg.org/ebooks/76.txt.utf-8 | \
  hadoop fs -put - 76.txt
hadoop jar $MR_JAR wordcount 76.txt w-count
```

检查结果，运行：

```
hadoop fs -cat w-count/part-r-00000
```

你可能已经注意到作业的输出文件可能和你用 HadoopMapReduce 运行后预期看到的不同。但这也许是用户体验的唯一区别。然而，在性能和高可用性方面，它不需要改变应用程序中的任何东西就能运行得更快更好。

你可以做个小小的实验，测试一下不同作业实现带来的时间差异。现在你已经有了工具集的经验，使用 Bigtop 部署能很容易在你的群集上添加、配置以及启动支持 MR2 的 YARN。请参阅第 7 章中是如何完成的。一旦准备就绪，简单地注销 HADOOP_CONF_DIR 变量并重新运行 HadoopMapReduce 框架下的作业。我自己的实验显示，当切换到 Apache Ignite 的 In-Memory MapReduce 时，性能提升了 30 倍。

同样，不对 Hive 和查询本身做任何改变，显著加速 Hive 查询也是可能的。我们在这里只是提供一篇这方面的文章：http://drcos.boudnik.org/2015/10/lets-speed-up-apache-hive-with-apache.html。其中包括了详细的说明和解释。

8.4　Apache Ignite 的高级用法

现在你已经学会了如何运行现有的 MapReduce 代码，不做任何改变或者只是重新编译，就能获得巨大的性能提升。MapReduce 范例并不是计算界最迷人的事。毕竟，通过大规模并行处理只能解决这么多问题，即使是在 Hadoop 生态系统中，它也不再是最常用的方法了。

由于 MapReduce 加速，你才有了现在所有的空闲时间，你已经准备好要更进一步。本节介绍了一些高级的主题，但是在这之前，我们希望提供 Apache Spark 和 Apache Ignite 的明确分界，其中 Apache Spark 是一个非常受欢迎的机器学习和计算引擎。

8.4.1　Spark 和 Ignite

在很多场合中，我们目睹了人们困惑于 Apache Ignite 和 Apache Spark 所谓的相似性。尽管它们两个有一些共性——作为分布式系统都有计算功能和额外好处(例如流处理)，但是它们实际上完全不同。最初，我们称本节为"Spark vs Ignite"，但是后来我们意识到这是一种错误的对比方法。这两个系统不是竞争关系，而是有些相得益彰。让我们深入回顾一下这些区别。

- Ignite 是一个 In-Memory 计算系统，例如它把 RAM 视为主存储设施。Spark 只使用 RAM 进行处理。内存优先方法更快是因为系统可以进行索引，减少获取时间并且避免(反)序列化。

- Ignite 的 MapReduce 完全兼容 Hadoop MR 的 API，让每个人都能简单重用现有的旧式 MR 代码，而且运行它时，性能提升可以超过 30 倍。

- Ignite 中的流并不是由 RDD 的大小量化的。也就是说，在处理之前，你不需要首先填充 RDD；你可以真正地进行流处理和 CEP。这意味着在 Ignite 情况下，处理流内容没有任何延迟。

- 溢出是内存中计算系统中的一个常见问题：毕竟 RAM 是有限的。在 Spark 中 RDD 是不可变的，如果创建 RDD 时大小超过节点 RAM 的 1/2，那么相应 RDD 的转换和生成有可能会填满所有节点的内存，这将会导致溢出，除非在不同节点上创建一个新的 RDD。这会占用网络带宽。Ignite 不会有数据溢出的问题，因为它的缓存会以原子或者事务性的方式更新。溢出仍是可能的：在 Ignite 文档的堆外内存章节中已经解释过了解决该问题的策略。

- 作为组件之一，Ignite 提供了一等公民文件系统缓存层。

- Ignite 使用堆外内存避免 GC 停顿，非常有效。

- Ignite 保证了强一致性。

- Ignite 充分支持 SQL99，将其作为对 ACID 事务完全支持的数据处理方法之一。

- Ignite 提供了 In-Memory 的 SQL 索引功能，它可以让你避免扫描所有的数据集，直接带来了性能的显著提高。

- Spark 关注于机器学习和分析数据处理的高级用例。当训练机器学习模型时，你可能会陷入某一部分训练不正确的情况。使用 Spark 应该能简单快速地追溯所有步骤找到分歧点，因为为了获得更好的容错性，Spark 对所有内部 RDD 转换进行了记录。

尽管这两种技术的潜在用例似乎并不重叠，但 Ignite 还是在某些地方能够显著改善 Spark 工作流程。

8.4.2　共享状态

Apache Spark 提供了数据隔离的强属性。基于 Spark 的普遍设计模式是 SparkContext，它只在一个进程(或作业)内部使用。虽然有正当的理由，但是一些重要的情况下存在不同的作业可能需要共享上下文和/或状态。在 Spark 中唯一能采取的方法是使用二级存储，可以直接使用或者通过某种类型的 RAM 磁盘层的方式。前者显然对系统的性能不利。后者对于跨越节点边界共享状态或上下文没有帮助，并且绑定了文件系统 API。

当然，我们正在寻找的答案可能是一个高效的分布式缓存。幸运的是，这里正好有一个。Apache Ignite 提供了 SparkRDD 抽象的实现，允许轻松地跨越 Spark 作业在内存中共享状态。原生 SparkRDD 和 IgniteRDD 的主要区别是，后者跨越不同的 Spark 作业、工作节点(worker)或者应用程序提供了对数据的共享 In-Memory 视图，而其他 Spark 作业或者应用程序无法看到原生的 SparkRDD。

IgniteRDD 实现的方式是作为分布式 Ignite 缓存上的一个实时视图，这可能要在 Spark 作业执行进程内部，或者工作节点(worker)上，或者自身群集中进行部署(见图 8-7)。根据选取的部署模式，共享状态可能只存在于一个 Spark 应用程序的生命周期内(嵌入式模式)，或者可能存在于 Spark 应用程序外部(独立模式)，这时状态可以在多个 Spark 应用程序之间共享。

IgniteRDD 不是不可变的，缓存中的所有变化都会对 RDD 用户立即可见。这是最好的部分：可以通过另外的 RDD 改变缓存内容，或者缓存内容可能来自于其他外部来源(例如集群中不同的应用程序)。这是一个非常重要的特性，因为它让 Spark 能够深入地集成各种工具，例如 Hive、BI 前端以及很多无须更改 Spark 的工具或者处于讨论之中的工具。通过 In-Memory 计算平台使真正的数据协作成为可能。

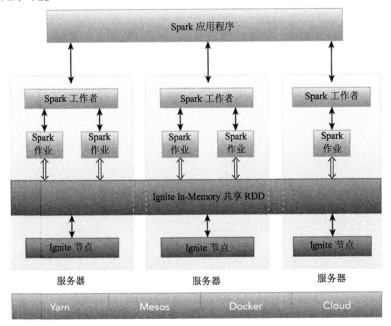

图 8-7

IgniteRDD 使用底层缓存的分区属性，把分区信息提供给 Spark 执行器。数据的相关性(或位置)也是可用的。使用这个新结构读取和写入也很容易。因为 IgniteRDD 是缓存中的实时视图，Spark 应用程序不需要显式地加载数据，一旦创建对象后就可以立即使用所有常见的 RDD API 进行调用。

下面的代码片段实际展示了这些好处。如果你想自己尝试，请在上次练习的 Apache Bigtop 群集中添加和部署 Spark 组件。然后简单地遵循我们在 Apache Bigtop wiki 上的训练脚本中的第 8 节内容。

因为 IgniteRDD 是可变的，所以现在可以构建和重建其索引。

有索引可以加快查找和搜索，因为应用程序不必持续地全面扫描数据集。这将我们带入 Apache Ignite 的下一个高级用例。

8.4.3　Hadoop 上的 In-Memory SQL

从传统上来说，SQL 可能是最常用的数据处理语言。很多数据专业人员对它都很熟悉。HAWQ 是 Apache Incubator 的新项目，它采用了非常不同的方法，同时也是在 Hadoop 上使用高级 SQL 的好例子。从本质上讲，它是使用 HDFS 存储的 PostgreSQL 服务器的变形。它提供了用于 Hadoop 和分析 MPP 数据库的 SQL。Postgres 群集已经存在一段时间了，现在随着 HDFS 存储线性可扩展性的发展，它肯定会受到大家的关注。

在 Hadoop 上执行 SQL(SQL-on-Hadoop)的困难多数来自于存储系统。在 HDFS 的设计和构建中，最优先考虑的是可扩展性和冗余。数据丢失或损坏对于分布式存储来说是一个非常严重的问题，它已经成为开发团队的主要设计目标。由于这个特别的原因，文件被拆分成块。并且把块的多个副本发送给不同的数据节点。假设你在群集中有一个以上的节点，同一文件的两个逻辑顺序块最后很可能不会落在同一个数据节点上。查询计划，特别是最优查询计划，已经成为工程上和科学上真正的难题。

Hadoop SQL 引擎面临的另一个困难是 HDFS 文件缺乏适合的更新机制。HDFS 最初是只支持一次写入的系统。如果一个文件需要更新，那么用户只能编写一个新文件。该文件包含旧的以及需要更新的内容。想象一下应用于大文件时的情形。在第二次尝试中，HDFS 扩展了追加操作(HDFS-265)。几个月前，迎来了五年后的第二次扩展，添加了一个很好的截断实现。更新仍旧很困难。对此有一些策略，可能最有趣的是通过 HBase 实现，尽管它也有自身的效率局限。

不过，HDFS 和 HBase 都不是主要议题，尽管它们都很吸引人。

上述限制把 Hadoop 生态系统(除了 HBase 之外)限定为仅供联机分析处理(Online Analytical Processing, OLAP)之用。有人在使用 HDFS 快照和 HDFS 截断构建事务性支持方面进行过一些尝试,但是并不清楚它们的效果如何。时间会告诉我们的。

8.4.4 使用 Ignite 的 SQL

更新对 SQL 引擎很重要,是联机事务处理(Online Transaction Processing, OLTP)引擎的关键。随着企业尝到快速或者接近实时 OLAP 流的甜头,他们开始想利用 OLTP 提供的速度。In-Memory 系统可以在这里展示其无与伦比的性能、ACID 事务支持以及快速分布式查询。Apache Ignite 在这里很出色。

首先,数据查询是 IgniteCache 基础功能之一。可以通过索引缓存加速数据查找。如果缓存位于堆外内存中,索引也会位于堆外,以此进一步提高性能。它提供了几种查询方法,包括扫描查询、SQL 查询以及基于 Lucine 索引的文本查询。

现在你可能已经注意到,大多数 Ignite 可用的优秀功能只是 IgniteCache 中精心设计的视图。但是数据本身由相同键-值的分布式存储管理,该分布式存储不用在不同格式之间昂贵地转换或切换。SQL 查询也是如此。Ignite 支持自由格式的 SQL 查询,几乎没有任何限制。SQL 语法与 ANSI 99 兼容。可以使用任何 SQL 函数、任何聚合和任何分组,Ignite 会找出获取结果的方法。Ignite 也支持分布式的 SQL 连接。此外,如果数据存在于不同的缓存中,那么 Ignite 同样允许跨越缓存查询以及连接。

在 Ignite 中执行查询有两种主要方法:

- 如果在复制(REPLICATED)缓存中执行查询,那么 Ignite 将假定所有数据都本地可用,你可以在 H2 数据库引擎中运行简单的本地 SQL 查询。这同样会发生在本地(LOCAL)缓存。

- 如果在分区(PARTITIONED)缓存中执行查询，那么它是这样工作的：首先解析查询，拆分为多个 map 查询和一个 reduce 查询。然后在分区缓存的所有 DataNode 上执行所有的 map 查询，把结果提供给 reduce 节点，该节点在中间结果上依次运行 reduce 查询。

在缓存上运行 SQL 查询非常简单：

```
IgniteCache<Long, Person> cache = ignite.cache("mycache");
SqlQuery sql = new SqlQuery(Person.class, "salary > ?");
// Find only persons earning more than 1,000.
try (QueryCursor<Entry<Long, Person>> cursor =
  cache.query(sql.setArgs(1000))) {
  for (Entry<Long, Person> e : cursor)
    System.out.println(e.getValue().toString());
}
```

以我们想知道哪个地方或职业的薪资多于 1000 美元为例，代码相当整洁，不需要注释。

存储在缓存中的数据是一个对象，有其自身的结构。在某种程度上，可把对象结构视为关系型数据库中的表模式。但如果所讨论的对象有精细的结构，对于哪些字段可以暴露、哪些字段不能公开有复杂的规则时该怎么办？Apache Ignite 提供了对对象字段的透明访问，进一步降低了网络开销和流量。为了使字段对 SQL 查询可见，必须使用@QuerySqlField 对它们进行注解。这增加了额外的数据安全控制。在上述示例的基础上，我们稍作改变：

```
// Select with join between Person and Organization.
SqlFieldsQuery sql = new SqlFieldsQuery(
  "select concat(firstName, ' ', lastName), Organization.name "
  + "from Person, Organization where "
  + "Person.orgId = Organization.id and "
  + "Person.salary > ?");
// Only find persons with salary > 1000.
try (QueryCursor<List<?>> cursor = cache.query
```

```
(sql.setArgs(1000))) {
for (List<?> row : cursor)
  System.out.println("personName=" + row.get(0) +
    ", orgName=" + row.get(1));
}
```

正如我们前面提到的，如果需要快速查询，索引数据是非常重要的。Ignite 有若干种为单个列创建索引以及通过注解或 API 调用创建组索引的方法。我们上面使用的 Person 类如下所示：

```
public class Person implements Serializable {
  /** Indexed in a group index with "salary". */
  @QuerySqlField(orderedGroups={@QuerySqlField.Group(
    name = "age_salary_idx", order = 0, descending = true)})
  private int age;
  /** Indexed separately and in a group index with "age". */
  @QuerySqlField(index = true,
    orderedGroups={@QuerySqlField.Group(
    name = "age_salary_idx", order = 3)})
  private double salary;
}
```

我们知道，使用 Java 或者其他任何语言运行 SQL 很方便。不过，有时使用老式 SQL 客户端这种枯燥方式也是可行的。这就是为什么 Ignite 采用打破常规的方式——运行 H2 调试控制台。这个强大的工具允许你深度掌控数据结构，并能够通过浏览器交互地运行 SQL 查询。要启用这个功能，只需要使用 IGNITE_H2_DEBUG_CONSOLE 系统属性开启一个本地 Ignite 节点。

如果喜欢其他 SQL 客户端，那么你可以通过标准 JDBC 连接直接使用它。Ignite JDBC 驱动程序是基于 Ignite Java 客户端的。因此，所有客户端的特定配置参数，例如 SSL 安全等，都可以在 JDBC 连接上使用。指定 JDBC URL 即可建立连接：

```
jdbc:ignite://<hostname>:<port>/<cache_name>
```

端口号以及缓存名称可以省略，这种情况下将使用默认值。我们上面讨论的关于公开用于查询和其他主题的对象字段，在 JDBC 连接到 Ignite 缓存的情况下仍然是类似的。

Apache Bigtop 创造性地集成了 Apache Zeppelin(处于孵化阶段)和 Apache Ignite。Zeppelin 是一个项目，它提供基于 Web 的 notebook，用于交互式数据分析。

8.4.5　使用 Apache Ignite 进行流处理

最后我们介绍的主题是流处理，这对于准实时或实时平台处理流内容很重要。由于数据流的瞬时特性，能够处理流经过的数据至关重要。在这个领域有一些非常有趣的开源系统。正如使用 In-Memory，其中一些能够在基础数据组织中管理流(例如 Spark)，还有一些以流处理作为主要设计目标(例如 Apache Flink)。

Ignite 有自己的流处理框架，与这个平台上的其他组件一样，它是数据网格顶部的一个智能层。简单的示意图如图 8-8 所示。

- 客户端节点使用 Ignite Data Streamer 把有限或连续的数据流注入到 Ignite 缓存。Data Streamer 具有容错能力并且提供至少一次的语义。Streamer 和 `StreamReceiver` 密切相关，后者可用于在添加新数据之前引入自定义逻辑。`StreamTransformer` 允许执行数据转换和更新，`StreamVisor` 允许扫描流中的元组，并且基于它们的值选择性地执行自定义逻辑。

- 数据在 Ignite 数据节点之间自动分区，每个节点接收等量的数据。

- 可以直接在共存的 Ignite 数据节点上同时处理流式数据。

- 客户端也可以在流式数据上并发地执行 SQL 查询。Ignite 支持完整的数据索引功能，以及使用 Ignite SQL、TEXT 和基于 Predicate 的缓存来查询流内容。

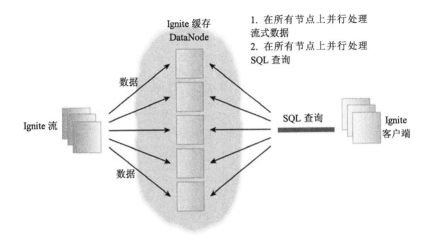

图 8-8

可以通过滑动窗口查询流式数据。流是无限的，尝试从开始的时间查询数据似乎很不切实际。相反，你可能想找到一段时间内数据集的某些属性。如"哪些歌曲是在过去的 12 小时内最常听的？"对于这样的问题，滑动窗口工作得非常完美。将滑动窗口配置为 Ignite 缓存迁移策略，可以基于时间、基于大小或者基于批处理。可以给每个缓存配置一个滑动窗口。即使相同数据需要不同的滑动窗口，也可以轻松定义多个缓存。

8.5 小结

正如本章中所展示的，Apache Ignite 是一个非常强大的数据处理平台，提供了高性能的内存优先存储系统作为其基础。不受信任的键-值存储使它非常容易获得各种逻辑和功能性的实时数据视图。高效的计算引擎范式使程序化的或者基于 SQL 的数据处理轻而易举。计算层可用于加速旧式 HadoopMapReduce 和类似 Hive 这样的工具(将旧式 HadoopMapReduce 作为引擎)。

　　Apache Ignite 群集可以轻松地向上或向下扩展，无缝地跨越异构硬件环境，包括内部数据中心、虚拟的和硬件的以及云部署。这使得 Ignite 应用程序从开发人员笔记本到云数据中心的快速扩展变得更加理想化。内置的高度容错机制和无 master 体系结构也使得平台非常适合用于关键任务环境中的生产系统。

　　完整的 SQL99 功能有效地消除了业务分析人员和业务智能专家的学习障碍。与现在 Hadoop 生态系统中的其他系统不同，Apache Ignite 完全支持数据索引和高性能的 ACID 事务。

术 语 表

活动：运行在群集上的一个或多个作业的一种逻辑分组或分类。

均衡器：一项用以确保群集中的所有节点容纳(在设定范围内)近乎等量数据的服务。数据的平衡是相对于群集上的节点来说，而不是相对于节点上的磁盘。

群集(Hadoop)：一组被配置用来进行共同工作的节点，以通用 Hadoop 组件栈、HDFS 和 MapReduce 作为基础。

组件(Hadoop 架构)：单独安装的软件产品，可以构成完整的 Hadoop 群集。有些组件是活跃的且包含服务器，例如 HDFS，而有些则是被调用的库。活跃组件的服务器用于提供相关服务。

组件由不同的角色所组成，这些角色体现了组件所需的不同配置。每台主机服务器都有其角色。例如，HDFS 中的角色包括 NameNode、从属 NameNode 和 DataNode。

DataNode：HDFS 用于存储数据的服务器和组件角色。DataNode 执行由 NameNode 分配的文件系统操作。DataNode 将数据存储在 Hadoop 群集上。它是 NameNode 的从属节点，用于向群集中的所有节点提交文件系统操作请求。

分布式元数据：分布式元数据意味着通过群集中的 DataNode 存储元数据，从而将 NameNode 去除。开发此类 Hadoop 架构的目的是解决 Hadoop 系统中 NameNode 的单点故障问题。

Hadoop：用于存储文件和在服务器组之间分派工作的批处理基

础设施。此基础设施由 HDFS 和 MapReduce 组件构成。Hadoop 是一个开源软件平台，其设计目标是存储和处理超出单台设备或服务器容量的大规模数据。Hadoop 的强项在于它能够跨越规模成千上万的商用服务器，而这些服务器并不共享内存和磁盘空间。

Hadoop 跨服务器(通常称为"工作节点"或"从属节点")分配任务，本质上是为了让它们并行工作。这便赋予了它分析海量数据的能力。通过跨不同位置均衡分配任务，它能够更快速地完成大规模的任务。

可以将 Hadoop 视为一个生态系统——它由许多种不同的、相互之间协同工作的组件构成，共同创建出一个独立平台。在这个生态系统内有两个核心功能组件：数据存储系统(Hadoop Distributed File System，HDFS)和在这些数据上运行并行计算的框架(MapReduce)。

Hadoop Common：通常被程序员引用，Hadoop Common 是一个常用实用工具库，包含用于支持 Hadoop 生态系统中其他一些模块的代码。例如，当 Hive 和 HBase 想要访问 HDFS 时，它们使用 JAR 包(Java 归档文件)来实现此功能，此 JAR 包就是包含在 Hadoop Common 中的 Java 代码库。

HBase：HBase 是一种列式数据库管理系统，建立在 Hadoop 的上层，运行在 HDFS 之上。类似于 MapReduce，HBase 应用程序可以使用 Java 和其他语言(通过 Thrift 数据库)编写，其中 Thrift 是一种允许进行跨语言服务开发的框架。MapReduce 和 HBase 之间的关键区别在于，HBase 旨在处理随机的工作负载。

Hcatalog：面向 Hadoop 数据的表和存储管理服务，提供表级别的抽象，使你无须了解数据的存储位置和存储方式。

HDFS：一个开源文件系统，旨在存储超大规模(MB 到 PB 数量级)数据文件并提供流式数据访问模式。HDFS 将这些文件拆分成数据块，并将这些块分发到群集中的主机(datanode)上。HDFS 使得

Hadoop 能够存储巨型文件。它是一个可扩展的文件系统，会向 Hadoop 群集中的所有机器分发和存储数据。每个 HDFS 群集中包含以下组件：

- **NameNode**：作为主节点运行，跟踪并指导群集上的存储位置。

- **DataNode**：作为从节点运行，是构成群集的大多数机器。NameNode 负责将数据文件拆分成块，将每个块复制 3 次并且通过群集存储在多台机器上。这些副本确保在一台服务器失效或离线时，整个生态系统不会崩溃——即所谓的"容错性"。

- **客户端**：客户端机器上应该已经安装好 Hadoop。它们负责将数据加载到群集中，提交 MapReduce 作业以及查看作业完成后的结果。

Hive：建立在 Hadoop 基础之上的数据仓库，提供对数据的汇总、查询和分析。Hive 中包含一种类似 SQL 的语言，称为 Hive 查询语言(HiveQL)。HiveQL 用于在群集中创建运行方式类似于 MapReduce 的程序。一般来说，Hive 用于处理复杂且长期运行的任务以及对大规模数据集的分析。Hive 提供了一种机制，即为数据赋予结构，并使用一种类似 SQL 的 HiveQL 语言进行数据查询。同时，当传统的 map/reduce 程序员感觉到用 HiveQL 不便表达所需逻辑或者效率较低时，该语言也允许插入这些程序员所习惯的自定义 mapper 和 reducer。

HiveQL：Hive 所使用的类似 SQL 的编程语言。

Impala：类似于 Hive，Impala 也使用一种类似 SQL 而非 Java 的语法来访问数据。Hive 和 Impala 之间的区别在于速度：一次使用 Hive 的查询可能耗时几分钟、几个小时或是更长，但是一次使用 Impala 的查询只需要耗时几秒(或者更少)。

Impala 用于在数据的小型子集上运行并快速返回结果的分析场

景，例如分析一家大型仓储公司中某一种商品的销售量。Impala 作
为一款分析工具，面向已完成预处理和结构化的数据。

hosts：各种设备，例如计算机、连接到计算机或是通信网络的
交换机，或者网络拓扑结构中的一个相交点或分支点。

作业：在数据集上执行的 mapper 或 reducer。作业将待处理的
数据切分并指派给 mapper 任务做并行处理，主节点(JobTracker)在
从节点(TaskTracker)之间调度并监控各项作业。

JobTracker：用于将 MapReduce 任务分派到群集上具体节点的
服务，这些节点提供 DataNode 的功能。JobTracker 了解数据的位置，
在 TaskTracker 之间调度 mapper 和 reducer 作业。

MapReduce：使用 MapReduce 引擎在群集上分配工作的过程。
它处理输入数据集记录，将输入键值对映射为一组中间键值对。
Reducer 将一组处理过的值合并在一起，这些值与一组数量较少的
值共享键，而 Combiner 对中间输出执行本地(在同一主机上)聚合，
以减少 Mapper 和 Reducer 之间的数据传输量。

MapReduce 是一项用于处理 Hadoop 中存储在 HDFS 上海量数
据的方法。它最初由 Google 提出，优势在于将单个大型数据处理作
业拆分成多个较小的任务。

一旦创建了这些任务，它们便会分散到多个节点并且同时运
行。Reduce 阶段将结果合并到一起。在该过程中使用了以下节点：

- **JobTracker**：JobTracker 监督将 MapReduce 作业分割成任务
  以及分派给群集中各个节点的方式。

- **TaskTracker**：TaskTracker 从 JobTracker 接收任务、执行工
  作并在完成之后向 JobTracker 发出提醒。为了提高执行效
  率，TaskTracker 和 DataNode 常位于同一组节点上。

- **数据本地化**：在数据所存储的节点上执行 map 代码。所有群
  集都应该有适当的拓扑结构。Hadoop 的 map 代码必须要有
  读取本地数据的能力。Hadoop 必须了解任务执行所在节点

的拓扑结构。Tasktracker 节点用于执行 map 任务，因此
Hadoop 调度器需要节点拓扑信息，以便合理地分配任务。
换句话说，每当对 HDFS 上的某部分数据使用 MapReduce
程序时，你总是希望在实际存储该数据的节点或是机器上运
行程序。这样做可以使得处理过程运行加快，因为它避免了
移动大量数据。

当一项 MapReduce 作业开始执行时，JobTracker 的一部分任务
就是定位并且查看任务所需的信息位于哪台机器上。一旦完成定位，
NameNode 便将数据文件划分成块，将每个块复制 3 份：第一份作
为块存储在该机器上，第二份和第三份分别存储在其他不同机器上。
这是 Hadoop 分发过程的一部分。

将数据存储在 3 台机器上更加有助于实现数据本地化，因为几
乎至少可以空出其中的一台机器并将其用于处理所存储的数据。

NameNode：维护 HDFS 中所有文件的目录并跟踪群集中数据
存储位置的服务。维护主节点与从属 DataNode 之间的联系。

节点：组成群集的一个抽象单元，可以视为图中的一个顶点。

Pig(Apache Pig)：一种旨在处理各种类型数据的编程语言。Pig
有助于用户更多地关注于分析大型数据集，而不是花费时间编写
map 和 reduce 程序。

类似于 Hive 和 Impala，Pig 是一种高层平台，旨在更轻松地创
建 MapReduce 程序。Pig 所用的编程语言称作 Pig Latin，它允许你
从高层抽取、转换和加载(ETL)数据。相比于用 JAVA 代码编写，这
大大减少了工作量；PIG 只需要其中的一小部分。

不过，Hive 和 Impala 进行分析时需要更加结构化的数据，Pig
则不然，它允许使用非结构化的数据进行工作。换句话说，Hive 和
Impala 本质上是查询引擎，用于进行更直观的分析，而 Pig 的 ETL
功能意味着它能够用于操作非结构化数据，对其进行清洗和整理，
以便在其上进行查询。

槽位：每个节点上的一个 map 或 reduce 计算单元。每个活跃的 map 或 reduce 任务占用一个槽位，它可以是一个 map 槽或是 reduce 槽。每个 TaskTracker 都有可用槽位数目的配置值，而 JobTracker 会将工作分配给距离数据最近且有可用槽位的 TaskTracker。

栈(Hadoop)：Hadoop 软件层，与 Hadoop 直接进行交互的应用程序。

- 数据处理层；封装了 MapReduce 框架。
- 数据存储层；文件系统(HDFS)。

Sqoop：支持在 Hadoop 和结构化数据源之间传输数据的 ETL 工具。一种用于在 Hadoop 和关系型数据库之间移动数据的连接和传输机制。

任务：在一片数据上的一次 mapper 或 reducer 实例操作。任务由 Hadoop TaskTracer 执行，TaskTracer 将任务分配到拥有可用资源的节点执行。每个活跃的 map 或 reduce 任务占用一个槽位。

TaskAttempt：一个 map 或 reduce 任务的实例，使用任务 ID 标识。JobTracker 可能会在多个节点上运行某个任务，以防止其运行失败或者能够更快地从另一个节点上得到结果；而这无疑增加了尝试次数。

TaskWaiting：一种等待启动的任务状态。

YARN：YARN 是一个资源管理器，创建它的目标是分离 MapReduce 的处理引擎和资源管理功能。这是一种崭新的方式，用于操作 MapReduce 作业所委派的资源。它替代了 JobTracker 和 TaskTracer。除了 MapReduce，YARN 还支持多种处理模型。它在 Hadoop 中负责管理并监视工作负载，维护多租户环境，实现安全控制和管理高可用性的功能。